把每一片瓷砖打造成艺术精品

——陶瓷与艺术、绿色、智能相融合的质量管理模式

蒙娜丽莎集团◎著

中国质量标准出版传媒有限公司
中　国　标　准　出　版　社

北京

图书在版编目（CIP）数据

把每一片瓷砖打造成艺术精品：陶瓷与艺术、绿色、智能相融合的质量管理模式 / 蒙娜丽莎集团著 . —北京：中国质量标准出版传媒有限公司，2021.6

ISBN 978-7-5026-4940-1

Ⅰ . ①把…　Ⅱ . ①蒙…　Ⅲ . ①瓷砖—制造工业—质量管理—管理模式—研究—佛山　Ⅳ . ① F426.4

中国版本图书馆 CIP 数据核字（2021）第 095662 号

中国质量标准出版传媒有限公司
中　国　标　准　出　版　社　出版发行

北京市朝阳区和平里西街甲 2 号（100029）
北京市西城区三里河北街 16 号（100045）
网址：www.spc.net.cn
总编室：（010）68533533　发行中心：（010）51780238
读者服务部：（010）68523946
中国标准出版社秦皇岛印刷厂印刷
各地新华书店经销
*
开本 710 × 1000　1/16　印张 12.5　字数 194 千字
2021 年 6 月第一版　2021 年 6 月第一次印刷
*
定价　60.00　元

《**把每一片瓷砖打造成艺术精品**——陶瓷与艺术、绿色、智能相融合的质量管理模式》

编委会

序

FOREWORD

佛山，岭南文化的发源地，有着源远流长的陶瓷文化。改革开放以来，在这片古老的土地上，以建筑陶瓷为代表的陶瓷产业快速发展，成为我国产业规模最大、产业链最完整、产业集群最成熟的建筑陶瓷生产基地，在一定程度上代表着我国建筑陶瓷产业的最高水平。

很长一段时间以来，建筑陶瓷产业的形象都离不开规模小、门槛低、污染重。关于行业转型升级、高质量发展的话题，政府、学界、企业一直都在积极探讨与实践。品牌、创新、质量、绿色，被认为是陶瓷产业转型升级的重要抓手，政府重视，社会关心，企业参与。然而，改变却是千头万绪，唯有作为市场主体的一个个陶瓷企业，才知道其中的艰辛。

珠三角是民营经济发展的沃土，但在建筑陶瓷这样一个传统而低附加值的产业当中，企业的每一步变革其实都不容易。几十年的发展，凝聚了一代企业家的责任和使命，他们对品牌、创新、质量、绿色的追求和探索看似平凡，却是中国制造业成长的一个缩影，正是这样一个个看似弱小却极具韧性的企业，构成了中国制造业的底色，支撑起走向世界的中国制造。

2007 年，佛山产区率先进行产业升级。从“腾笼换鸟”到制造业全面转型升级是一个大浪淘沙的过程，能够坚守初心，在市场上胜出的企业并不多。蒙娜丽莎集团股份有限公司（以下简称“蒙娜丽莎”）的探索与坚持，可以说是佛山传统制造业转型升级的一个样本。蒙娜丽莎的探索与实践，不仅得到了市场的认可，也得到了丰厚的社会回报。回首当初，蒙娜丽莎人为何、又是如何选择这样一条发展路径，才是值得总结和关注的。

蒙娜丽莎从长期的实践中形成的陶瓷与艺术、绿色、智能相融合的质量管理模式，是其管理经验的高度集合，是传统制造业创新驱动、转型升级的成功实践。随着我国建筑陶瓷产业的快速发展，要想实现进一步的成长和突破，就需要企业在产品品质、功能、品牌、渠道等各个维度实现全面提升。用户不仅有对美的追求，还有对环保、服务的追求，蒙娜丽莎从行业发展模式、发展路径、质量管理和跨界营销等经济和管理理论中汲取营养，结合蒙娜丽莎的具体实践，形成的行之有效、符合行业发展特征的质量管理模式，对于许多正在转型升级的企业来说，具有借鉴意义。

蒙娜丽莎集团股份有限公司董事长　萧华

2021年5月

前言

PREFACE

佛山，位于珠三角东南部，古称“季华乡”，“肇迹于晋，得名于唐”，自古手工业发达。明清时，这里已经发展成商贾云集、工商业发达的岭南重镇，与湖北汉口镇、江西景德镇、河南朱仙镇并称全国“四大名镇”，与北京、汉口、苏州并称天下“四大聚”，尤以陶瓷、纺织、铸造、医药四大行业鼎盛，是我国“广货”和“北货”的著名集散地。清末，佛山得风气之先，成为我国近代民族工业的发源地之一，诞生了中国第一家新式缫丝厂和第一家火柴厂，佛山工商业得到快速发展，滋养出独特而浓厚的工商人文传统。

20世纪50年代，我国第一个五年计划提出社会主义工业化，到1978年改革开放前，广大城市建立了涵盖各个重要生产领域的大型国有企业，广大农村出现了各种社队企业。当时的佛山是社队企业相对发达的地区，这些遍布在乡镇的小工厂、供销社虽然简陋，却是实打实从无到有一点点建立起来的。这样的乡镇企业是一笔丰厚的历史财富，是我们国家最初的、重要的工商业的星星之火。佛山的这些小工厂，为后来佛山制造业的成长输送了最初的养料。很多企业家就是从这样的小工厂起步的，当他们选择创业时，最初的供应链网络也基于这些星罗棋布的乡镇小厂。这些小工厂在改革开放后，经历了不同的发展路径，演绎了不同的命运，有些消失在时代的尘埃当中，有的成功转制，涅槃重生，蒙娜丽莎的前身就是镇政府集体所有制企业转制为民营企业，之后获得良好发展并成为建筑陶瓷行业首个A股上市的内资陶企。作为一种强健的工商业基因，蒙娜丽莎一直延续在今天佛山的各类企业中。

在改革开放40多年的进程中，佛山凭着低调、务实、创新的精神，常常担当起改革开放的先锋，在没有样本、没有技术、没有资本的条件下进行了一系列探索，孕育了一大批优秀的民营企业，尤其在制造业领域。这座城市产业齐全，40多年来，逐渐形成了机械制造、陶瓷、建材、纺织、服装、家用电器、金属制品等优势产业集群。近年来，佛山加快制造业转型升级，大力发展智能制造装备、节能环保、新能源、汽车等制造产业和生产性服务业，在很多行业诞生了国内领先，甚至世界领先的优秀企业。这种以县域行政区域为版图，制造业快速成长、壮大，直至转型升级、高质量发展的现象，不能不令人刮目相看。

中国是世界建筑陶瓷生产、消费和出口大国，全球60%的建筑陶瓷产自我国，这其中，“佛山陶瓷”闻名遐迩，具有举足轻重的产业地位。佛山陶瓷，不仅传承了佛山地区悠久的陶瓷历史，还在改革开放后，逐渐形成产业优势，各种建筑陶瓷产品，包括抛光砖、仿古砖、抛釉砖、内墙砖、外墙砖、广场砖、马路砖等品种一应俱全，出口世界一百多个国家和地区，在国内的一级经销商达数万家。高峰期总产量超20亿平方米/年，总产值超过1000亿元/年，产量占全国20%以上，出口量占全国70%以上，成为享誉世界的区域品牌。它的高速增长是改革开放以来很多产业发展的缩影。

微观上，佛山陶瓷产业，经过几十年的发展，孕育了一大批优秀的民营企业。这些企业在实践中积累经验，或许他们没有太多的理论指导，但却依靠敏锐的市场嗅觉寻找发展路径；或许他们从不标榜宏大的理想，但是那股子脚踏实地的务实作风，那种做生意走正道的朴素而真诚的商业信念引导着他们为客户、为品质、为长远谋发展。

他们几乎从一片空白中快速成长，在每一个关键时刻，以自己的坚守做出了后来看来经得起市场考验的抉择，成就了今天的发展业绩。这些企业是这个产业的缩影，是这个产业延绵发展、转型升级的中流砥柱。正是这样一批优秀企业的长期实践，才形成了企业品牌与区域品牌的联动发展。

蒙娜丽莎集团股份有限公司位于佛山市南海区西樵镇，它的成长过程就是一个典型。今天的蒙娜丽莎，是一家集科研开发、创意设计、专业生产、品牌营销为一体的国家高新技术企业，广东省首家登陆 A 股市场的建筑陶瓷企业，经历过艰难的起步、行业的寒冬、市场的洗礼和转型的阵痛，在外部环境的不断变化中，一次次攻坚克难，在产业链的协作中获益，在实践中摸索出管理经验，逐步形成了一套适合自己发展的管理模式。

透过这样一家传统制造企业成长、蝶变的过程和他们在其中积累的管理经验，可以更好地理解佛山陶瓷、佛山制造，乃至中国制造的底色。

目录

CONTENT

第一章

市场，
激励品牌升级

CHAPTER 1

文艺复兴，这场公元14世纪到16世纪的欧洲思想文化运动，以其丰厚的科学与艺术成就，照耀人类思想史册，也揭开了欧洲近代历史的序幕，被认为是中古时代和近代的分界。而达·芬奇的传世之作《蒙娜丽莎》，可谓文艺复兴最具代表性的作品，其中蕴含的艺术成就足可以为那个时代代言；其中蕴含的人文精神，是文艺复兴的最好标志；而画作本身的传奇经历，又增加了这幅画的神秘感，引得世人关注，举世闻名。

时光沉淀，《蒙娜丽莎》早已不是一幅画作，不同的人对她有不同的解读，她早已走进了思想世界、艺术世界，乃至人们的日常生活，成为整个人类社会的一个众所周知的艺术与美学符号，有着丰富而深刻的内涵。

远在东方的中国佛山，有一家以“蒙娜丽莎”为品牌的陶瓷企业，正在以另一种全新的方式演绎制造与家居生活之美，传递着那微笑中的丰富韵味。

蒙娜丽莎集团成立于1992年，1998年6月由一家集体所有制企业改制为民营企业，2015年成立股份公司，2017年12月在深圳证券交易所A股上市（股票代码：002918）。蒙娜丽莎现有10家全资子公司，拥有佛山西樵、清远源潭、广西藤县、江西高安四大生产基地，目前共有37条陶瓷砖生产线，其中8条陶瓷板生产线。

在20多年的发展历程中，蒙娜丽莎与整个佛山陶瓷产业共成长，几乎经历了佛山陶瓷企业在成长过程中出现的所有问题，在一个个决策的路口，蒙娜丽莎做出了自己的选择，并一步一步成长为业内的佼佼者，在很多领域，成为行业的引领者。

回顾蒙娜丽莎的发展历程，会发现这是一个在市场经济的浪潮中摸爬滚打而来的企业，一次次摸着石头过河，一步步踏出一条路来。

“蒙娜丽莎”作为一个瓷砖品牌，完全是品牌意识觉醒的产物。在激烈的市场竞争中，蒙娜丽莎的经营者很早就认识到了品牌的价值。从品牌意识的觉醒到品牌价值的创造，一步步塑造品牌、扩大品牌的影响力。今天，蒙娜丽莎品牌内涵日渐丰富，品牌地位日益牢固，在行业发展面临诸多不确定性的当下，品牌的价值日益显现，并成为企业发展的护城河。

第一节　中国制造的创新地

改革开放深刻地改变了中国，也深刻地改变了佛山陶瓷产业。乘着改革开放的东风，20 世纪 80 年代初期，佛山对内积极发展乡镇企业、集体企业、民营企业，对外积极引进先进生产设备，壮大陶瓷产业。一时间，佛山大大小小的乡镇、村社出现了“有条件要上，没有条件，创造条件也要上”的发展局面。短短几年时间，在市场需求的拉动下，佛山建筑陶瓷企业如雨后春笋般出现。在对外开放的政策下，各家工厂还纷纷对进口技术进行了消化、吸收、改造，逐步实现生产装备的国产化，佛山建筑陶瓷行业由此踏入了发展的快车道。正所谓“深水出蛟龙”，蒙娜丽莎的诞生，离不开佛山这片改革开放的前沿阵地，离不开这里发展制造业的深厚氛围，更离不开这里率先试行市场化。

一、南国陶都

佛山，自古就是陶瓷之乡，这是很多佛山人选择陶瓷作为创业起点的重要原因。

佛山历史文化底蕴深厚。佛山是岭南文化的发源地之一，素有陶艺之乡、武术之乡、美食之乡、粤剧之乡、岭南成药之乡、狮艺之乡等美誉。自古有“石湾瓦，甲天下”的美誉，石湾以“陶”为主，有“南国陶都”之称。建于明代正德年间的南风古灶，是世界现存最古老的活态陶瓷柴烧龙窑之一，薪火相传，至今已 500 多年，被誉为“陶瓷活化石”。

近代以来，佛山陶瓷走向衰落，欧洲陶瓷工业的崛起，使全球陶瓷产业格局为之改变。但是，在佛山，陶瓷如星星之火一般，一直生生不息。

20 世纪 40 年代初期，石湾一带除了保持生产传统陶瓷制品之外，就已经开始仿制卫生洁具、耐酸陶瓷、电工陶瓷。但这一时期，整个广东陶瓷的生产还是作坊式的个体手工业，靠水力、人力、畜力和简单机械操作，手拉坯成形，靠太阳干燥，山草树枝做燃料，手工描绘，龙窑烧成，发展缓慢。

20 世纪 50 年代到改革开放前，农村、乡镇的家庭手工作坊在佛山一带一直没有完全消失，有的还走向了半机械化、机械化的生产方式。1958 年，佛山成立陶瓷工业局，各县成立日杂公司，统一收购，形成统购统销的购销关系。那时，全国各陶瓷产区逐级成立省市陶瓷公司和研究所等，石湾地区也有自己的陶瓷研究所，围绕陶瓷工艺、技术进行研究。逐渐地，石湾陶瓷的艺术陶瓷、日用陶瓷、园林陶瓷、建筑陶瓷、卫生陶瓷、工业陶瓷等产品发展起来。20世纪60年代至70年代，广东就有一批陶瓷企业开始出口，现代陶瓷产业体系开始逐步建立。到20世纪70年代，石湾已经是广东最大的陶瓷产区，并跻身全国八大陶瓷产区，成为与江西景德镇、河北唐山、湖南醴陵、江苏宜兴等地齐名的国内陶瓷重要产区之一，位列第八。

20世纪80年代初，乘着改革开放的春风，石湾陶瓷开始大规模的产品结构调整，大力发展建筑卫生陶瓷，而艺术陶瓷、日用陶瓷增长缓慢。90年代初期，国有企业转制开始，大量的乡镇企业和民营企业兴起，产业辐射到南庄、西樵、官窑、乐平等地，覆盖全佛山，并涌现了众多优秀的民营陶瓷企业。佛山陶瓷产业逐步走向了现代化，形成世界著名的建筑卫生陶瓷与装备产业集群，成为当代建筑卫生陶瓷与陶瓷技术装备的生产基地和研发中心。

时至今日，佛山已经是全国最大的建筑卫生陶瓷特色产业基地、全国最大的陶瓷装备制造业基地、陶瓷化工色釉料生产基地，拥有全球最大的陶瓷专业市场群落，是我国建筑卫生陶瓷出口基地，被誉为“中国陶瓷名都”。

佛山这一悠久的陶瓷传统，深深滋养了蒙娜丽莎，它为蒙娜丽莎的诞生提供了土壤，这里有一批熟悉陶瓷产业的管理人员、工匠，有着最初的产业积累和完整的产业供应链。图1-1是蒙娜丽莎集团西樵总部厂区。当然，更重要的是，

图1-1　蒙娜丽莎集团西樵总部厂区

佛山还是改革开放的先行者，这里的探索与创新精神，成为蒙娜丽莎文化以及品牌内涵的重要组成部分。佛山陶瓷人在体制、机制上的探索，更是直接促成了蒙娜丽莎的诞生。

二、实干、创新之城

1. 从零开始

佛山，常开风气之先。

改革开放初期，凭借毗邻广州、香港的区位优势，佛山一带流行的“三来一补”成为当时对外开放的探索之举，在改革开放的发展史上，这是重要的一笔。“三来一补”是“来料加工”“来料装配”“来样加工”和“补偿贸易”的简称，一批并不发达的乡村企业，就这样“与国际接轨”了，不得不说这是当时中国经济社会对外开放的一个重要创新。

这种模式弥补了很多小企业，特别是乡镇企业技术不足、资金不足的发展瓶颈，实现了发展的飞跃。一时间，“村村点火，户户冒烟”的小作坊在各村镇兴起，“夫妻店”“家族厂”遍地开花，佛山逐渐形成了“一村一品、一镇一业”的产业集群模式。很多佛山人也因此从桑基鱼塘“洗脚上田”，成为离土不离乡的企业员工、企业家。

那个时候，他们并未想到在未来的几十年中，这方水土会诞生众多走向世界的领军企业。这些今天我们认为显而易见的正确选择，在当时，却是不问后果、不问得失的大胆创新，曾引起过学界、政界一轮轮争论。最终，这种实干、创新的秉性在改革开放春风的吹拂下，生长、壮大，不断向前，成为佛山在后来的改革发展中不断披荆斩棘的内在动力，融在了一个个佛山企业的基因中，成为中国改革开放进程中的一段佳话。

蒙娜丽莎的创业团队有着这座城市特有的创业基因。董事长萧华可以说亲历了佛山改革开放的每一个阶段，在时代的洪流中，他勇于尝试，大胆实践，以创新、务实的工作作风，将自己的命运与一座城市的发展轨迹、一个产业的振兴之路，始终紧密地联系在一起。和那个时代很多同乡人一样，他家境贫寒，15 岁辍学养家，但这段经历也塑造了后来萧华的性格：坚韧、务实、低调、善于创新。

1970年，23岁的萧华进入了村里的五金厂，一干就是9年。在这里，他干过运输队，干过锻打工，只要能学到一点吃饭的手艺，萧华总是抢着去做。一次，萧华所在的锻打组接到一个供销社的订单，打一批长螺丝钉。由于没有原料，萧华和厂里的同伴们要在沙石路上骑几个小时的自行车，再摆渡过河，到周边的市场上去收购废铁。为了收购烧炉用的煤粒，他坐汽车、火车、渡船，用了近一天的时间赶到英德，在那里盘桓数日，收集到了锻打组可用半年的煤粒。这些在萧华看来都是一种锻炼。

萧华还尝试改革这个村办厂的分配机制，把收益的四成分给村里的社员，让大家更有干劲。后来，他自己也办起一个五金厂，叫仁星五金厂。这是萧华创业的第一次尝试，但却让他对办企业有了更为清晰的理解和认识。那是20世纪80年代初，在五金加工这个领域，计划经济的羁绊正一步步褪去，市场以自己独特的方式“教育”着萧华，也回报着萧华。虽然没有企业管理的高深理论，但是从市场一线中摸爬滚打出来的萧华，已经体会到创新、务实、诚信是企业发展之根基。

2. 从模仿克隆到自建窑炉

1983年，佛山石湾耐酸陶瓷厂筹办的利华装饰砖厂从意大利引进国内第一条年产30万m^2彩釉墙地砖成套生产线，总价值207万美元，1984年5月1日投产成功。这条对于佛山陶瓷行业具有重要意义的生产线，是佛山乃至全国建筑陶瓷生产现代化的开端。此后几年，佛山一带很多企业陆续引进来自意大利、德国的生产线和装备，佛山陶瓷人率先接触到了世界上最先进的生产线。整个佛山的建筑陶瓷工业化水平迅速提升，这种大胆而开放的态度，为佛山建筑陶瓷迎来了改革开放后的第一次大踏步发展的机会，整个产业的制造能力得到迅速提升。

但引进的生产线常常出现“水土不服”，各种问题不断，有着五金厂工作经验的萧华，常常被邀去“修修补补”，从而有了钻研这些生产线的机会。当时，仁星五金厂在石湾有大量的加工业务，石湾耐酸陶瓷厂的相关人员找到萧华，开始只是一些热风管等简单的加工业务，但是萧华做事踏实，技术好，肯学习，每次拿到厂里技术科的图纸，还能提出不少改进的建议。渐渐地，双方建立了深厚的信任关系。一段时间后，由于业务较多，萧华将仁星五金厂分成了两组，一组在石湾耐酸陶瓷厂，另一组在石湾酒厂。两个厂在遇到不同的问题时，大家就凑在一起研讨，相互借鉴，积累了许多实践经验。

后来，萧华带领仁星五金厂参与了石湾耐酸陶瓷厂喷雾干燥塔的建造。这个喷雾干燥塔由华南理工大学陈帆教授设计，是中国人自己设计的第一座喷雾干燥塔。陈帆教授拿出图纸的时候，石湾耐酸陶瓷厂就想到了萧华，面对厚厚的图纸，在陈帆教授的指导下，仁星五金厂顺利完成了这项首创工程的加工、安装。这座由中国人自主设计制造的喷雾干燥塔，促进了中国建筑陶瓷业生产工艺的提升，也促进了建筑陶瓷产品质量的提升。它不仅具有国外设备的优点，还十分适合中国国情。

仁星五金厂通过参与这些大厂项目、国内首创项目提升了整体实力，同时在业界也获得了赞誉。20 世纪 80 年代末至 90 年代初，佛山的陶瓷工业发展迅速，很多地方都在筹建建筑陶瓷厂，仁星五金厂很自然地加入了加工、制造、改造陶瓷生产线的行列。

1991 年，萧华加入黎涌陶瓷机械设备厂，不久又筹建了鸿业陶瓷厂。那时，黎涌陶瓷机械设备厂在陶瓷窑炉设备建造和改造方面已经小有名气。当时恰逢集体经济的崛起，以石湾南庄为中心，出现了村村建窑，户户做瓷砖的景象，黎涌陶瓷机械设备厂四面出击，在佛山及其周边地区揽下了不少订单，很快发展成黎涌鸿业集团。黎涌鸿业集团生产的窑炉生产线，借鉴了进口生产线的优点，实现了本土化改造，窑炉工程的报价不到进口窑炉的一半，而且运行平稳，生产效率高，受到业内同行的一致好评。由此，萧华“窑炉大王”的美誉不胫而走。

三、时代的机遇

20 世纪 80 年代末至 90 年代初，佛山一带的乡镇企业已经蓬勃发展起来，各乡各村的集体所有制企业释放出巨大的活力，很多乡村的发展状态为之改变。一乡一镇大多根据自己的优势，选择自己擅长的行业并投身其中。

佛山人普遍敏于行而讷于言。在经过一段乡镇企业的辉煌期后，佛山人敏锐地感受到产权问题对企业发展的制约性。在最初的改变基本生活的愿望得到实现后，一些乡镇集体所有制企业开始失去后劲，各种新的问题不断出现。比如各级政府部门的过度参与，一方面影响了企业的市场响应速度，影响企业运营；另一方面又承担了很多原本应该由市场承担的风险，不少政府债务因此增加。20 世纪 90 年代初，关于乡镇企业的产权制度改革，在佛山渐渐被关注，一些先行者开始探索，各种讨论和实践低调进行，但阻力可想而知。

蒙娜丽莎的成长和发展，同样绕不过这场产权改革，这是时代给予的选择。

当时，刚刚成立的樵东高级墙地砖厂发展很好，有产业基础，有人才积累，市场需求大，乡镇企业效率高，适应市场调整快，但是，由于佛山周边各种陶瓷厂纷纷上马，市场竞争日趋激烈。原有的产权模式在这个充满竞争的行业内，开始显得活力不足，后劲不足，国有企业干不过集体企业，集体企业又干不过私营企业。陶瓷企业的转制在佛山被提上了议事日程。1996 年到 2000 年，佛山市政府按照现代企业制度对部分企业实行优化重组，鼓励一些国有企业、集体企业实行产权制度改革。由此，很多陶瓷企业翻开了发展的新篇章，建筑陶瓷行业当时还被确立为改革转制的重点行业之一。

1998 年，位于南海市西樵镇的樵东高级墙地砖厂在佛山陶瓷行业当中率先实行整体转制。对于政府部门来说，这是试点。如何转制，成功与否都具有某种试验的意味，甚至也有着风向标的意味，它的成功与否，或许会对其他企业也产生影响。

政府部门希望这样一家企业能够由一位有担当、有能力的人来接手，而对于承接企业的管理者来说，也在用自己的身家在“赌”，一旦接手一家企业，对于一个真正的企业家来说，也许就是此后的一生相伴。

这时的萧华已经是当地有名的“窑炉大王”。从 20 世纪 80 年代开始研发制造窑炉生产线，他们设计、加工的窑炉、生产线，以性能好、效率高、运行平稳、成本低著称，在和国外窑炉的竞争中已经占有优势。在这一轮佛山陶瓷产业的发展中，萧华积累了丰富的管理经验，对陶瓷工业化有着深刻的理解。而且樵东高级墙地砖厂的窑炉生产线就出自萧华之手。当时石湾的陶瓷厂，都以引进意大利压机、窑炉等全自动化生产线为荣，佛山地区每年都大量引进国外生产线。但是樵东高级墙地砖厂的筹建者拿不出购买国外全自动生产线的外汇，只好选择国产窑炉。经过几番考察，最终决定由当时已经在行业内很有名气的黎涌陶瓷机械设备厂来承建窑炉。

1998 年 6 月 17 日，萧华正式入主樵东，并出任董事长，图 1–2 是董事长萧华与副董事长霍荣铨、董事邓啟棠、张旗康合影。

萧华携手泡沫包装大王霍荣铨、原樵东董事高管邓啟棠、艺术专业的张旗康和刘凌空五位共同组建了佛山市樵东陶瓷有限公司，后来公司股权重组，变更为蒙娜丽莎集团股份有限公司。

从此，樵东陶瓷厂从一家集体所有制企业转变为民营企业，新的篇章就此翻开。

图1–2　董事长萧华（右二）与副董事长霍荣铨、董事邓啟棠、张旗康合影

第二节　一个品牌的价值

管理窑炉企业和瓷砖企业不同，窑炉企业只面对极少的客户，瓷砖企业不仅要面对行业大客户，还要面对广大消费者。建立品牌，了解客户就更为重要。

萧华相信市场是最好的老师，它能教会我们很多。

事实上，公司对品牌的理解，首先是来自对市场的直观感受。认识、理解一个品牌的价值，蒙娜丽莎是在发展中逐渐体察，并付诸实践的。对蒙娜丽莎来说，品牌是口碑，是市场，是传承，是创新。

一、从樵东到蒙娜丽莎

樵东，从字面就可以看出源自西樵。今天，经过多次的品牌升级，它已化为蒙娜丽莎旗下一个现代、轻奢的“QD”品牌。

1992 年，成立不久的樵东烧制的瓷质印花砖获得成功，在当时的行业内就走在前列。1995 年，樵东推出水晶砖，这家成立不久的乡镇企业在行业内颇受关注。之后，樵东改制，迎来了“蒙娜丽莎”时代。

接手樵东陶瓷厂不久，萧华做出两个决定：一是成立营销策划部，开始品牌化运作；二是成立国际业务部，加大产品的出口力度。

20 世纪 90 年代，正是我国对外开放的黄金时期，佛山建筑陶瓷产业经过数十年的快速发展，已经得到了海外市场的关注，很多企业不断加大出口力度。

有着艺术专业、多年陶瓷研发与生产经验的张旗康，受董事会委托组建国际贸易部和策划部。在海外项目开展不久，一次，一位来自阿联酋的客户反映，虽然樵东陶瓷厂的产品花色好、质量好，在阿联酋市场很受欢迎，可是背面的汉语拼音，让人不知道是什么意思，字母多，记不住，他觉得可以起个好记的名字。

樵东，且不说外国人，放眼全国，都未必有很多人知道西樵，知道岭南文化，自然无法理解这个牌子的含义。在厂里，大家还会经常接到电话，有客户询问“焦东”，有时都反应不过来是找自己的。走向海外，更是难以理解，发音也艰难，真是读不出，记不住，销售局面很难打开。

这类问题，不要说 20 世纪 90 年代的中国企业考虑不到，就是今天，很多企业在走向海外市场的过程中依然会遇到。

市场是最好的老师，面对市场的反馈，“如何让世界更好地认识我们”摆到了经营者的面前。想着这位阿联酋客户的建议，公司几位领导当时就在饭桌上讨论起来，公司董事张旗康想到了“蒙娜丽莎”这个名字，那位阿联酋客户一听，连声说“这个很好！”

《蒙娜丽莎》是家喻户晓的一幅名画，也是文艺复兴时期艺术的代表，不仅如此，它还能够使人联想到意大利，联想到瓷砖。意大利瓷砖历史悠久，有着丰富的文化遗产，在世界各国都有广泛的知名度。毫无疑问，“蒙娜丽莎”是一个在国际市场上更容易被接受、被记住的名字。

但大家不清楚，这样的名画的名称，能否用做商标。

张旗康当天下午就设计了中英文组合的蒙娜丽莎商标，第二天向广东省工商局递交了申请。注册商标，过程漫长，樵东花了整整 18 个月的时间研究、申请与奔走。当时中国正值“入世”谈判期，知识产权日益受到重视，很多政策、法规尚在探索期。当广东省工商局把“蒙娜丽莎”的商标申请报送到原国家工商行政管理总局（简称“国家工商总局”）商标局的时候，原国家工商总局负责商标注册的工作人员很为难，为了慎重起见，原国家工商总局通知企业要求举行一场听证会来决定“蒙娜丽莎”这个商标的注册申请是否通过。参加听证会的有原国家体制改革委员会、原国家工商总局、国家知识产权局、《新华日报》等单位的专家。那个时候，上网查询资料还不是很方便，为了准备充分，负责商标申报的张旗康泡在图书馆，查阅各种资料，了解这幅画作的历史、归属和商标申请等，在听证会上做了令专家满意的答辩。经过考证、讨论，最终“蒙娜丽莎”注册成功。

在拿到商标注册后，2000 年 12 月，企业名称也变更为“南海市蒙娜丽莎陶瓷有限公司”，图 1–3 是蒙娜丽莎瓷砖产品广告。

蒙娜丽莎的“微笑”渐渐绽放。

图1–3 蒙娜丽莎瓷砖产品广告

二、最直观的溢价

2000年11月，“蒙娜丽莎”正式获得原国家工商总局的审批注册。更名后，“蒙娜丽莎”立刻对产品的包装、标识进行了重新设计。

那位阿联酋客户看到这样的变化十分高兴，经过长期的合作，这位经销商十分信任蒙娜丽莎的产品，对新包装、新品牌也十分有信心，当即就下了订单，但考虑到一些老客户，这些经销商还是保留了一些樵东品牌的订单。

几个月后，这位阿联酋客户信息反馈回来，新品牌的价格高于原来的樵东品牌，但是销售情况却要好于樵东品牌。这是蒙娜丽莎第一次直观地、真切地感受到一个好品牌对企业发展的作用。

来自市场最直接的反馈，立刻坚定了蒙娜丽莎的信心。蒙娜丽莎立刻开始了大刀阔斧的渠道布局，一是要求海内外代理商“砍掉”其他所有品牌的代理，专做蒙娜丽莎；二是在全国范围内统一终端品牌形象，不到1年的时间，全新的蒙娜丽莎在终端销售就迎来了爆发式增长。以北京为例，1年时间创造的业绩就超越了“樵东”过去5年的总额。

在市场的直接教育下，蒙娜丽莎在最短的时间内体会到了品牌带来的溢价。

那个时候，大部分建筑陶瓷企业最关心的是渠道，市场火热，得渠道即得市场。企业也总是把资金放在各类经销商身上，而这样开始关注品牌，并对品牌进行系统化管理的，还是少数。可以说，在当时的建筑陶瓷行业，蒙娜丽莎是较早体会到市场和品牌关系的企业，对于企业来说，这是品牌意识的第一次觉醒。

在后来的发展中，蒙娜丽莎从品质、产品、终端形象等不同维度不断巩固品牌高端的形象。

2000年，蒙娜丽莎研发的雪花白一举奠定了蒙娜丽莎品牌的高端形象，在行业内刮起一阵白色旋风。这种超白的抛光砖，一经亮相，立刻成为当时瓷砖市场的流行款，伴随着雪花白的热销，蒙娜丽莎这个牌子在很多地方逐渐有了知名度。这个阶段，蒙娜丽莎一方面拓展海外，另一方面布局一线城市和华南地区，依托产品，开始在终端渠道大力进行品牌专卖店的建设。

2004年~2008年，蒙娜丽莎的渠道建设全面铺开，向二、三线城市布点推进，全面占领全国市场；不断加大品牌推广力度，逐渐成为全国知名的陶瓷品牌；公司还在人民大会堂举办“走向 2008——奥运经济论坛”，这不局限于产品的营销，而是要树立蒙娜丽莎的品牌形象，开启陶瓷行业品牌营销的先河。

之后，蒙娜丽莎致力于打造中国陶瓷行业的领军品牌，他们以科技创新推动企业发展，推出革命性产品陶瓷薄板，设立创意公司，进军文化产业；在国内建立 3000 多个专卖店和总计近 40000 人的品牌服务团队；建立国家企业技术中心、院士工作站、博士后科研工作站、中国轻工无机材料重点实验室，推出差异化和创新性产品，进一步提升市场竞争力；加强国际市场业务开拓，在海外建立起近 400 个销售网点。

相关链接

蒙娜丽莎瓷砖受“一带一路”国家欢迎

蒙娜丽莎是中国最早做瓷砖出口的企业之一，2016 年其瓷砖产品出口到 40 多个国家地区，65% 销往“一带一路”国家。“一带一路”国家也是其瓷砖订单增长最快的地区，斯里兰卡、柬埔寨、沙特、伊朗等国 2016 年的销量都比 2015 年翻了一倍。缅甸、吉尔吉斯斯坦、巴基斯坦、俄罗斯、马尔代夫和蒙古也成为蒙娜丽莎 2016 年的新客户。

在印度尼西亚，80% 的机场使用蒙娜丽莎的瓷砖，包括雅加达机场和巴厘岛机场。在斯里兰卡，许多中国商家投资的工程，还有中国政府援建的项目，都用蒙娜丽莎产品。在印度，2017 年蒙娜丽莎打赢了反倾销的官司，陶瓷薄板和大理石砖不被征收反倾销税，销量也成功上升。

过去，吉尔吉斯斯坦由于铁路运输不便利，用户只能选择意大利或西班牙的瓷片。现在，中国的瓷片已经装在当地顶尖房地产商的样板间里。

非洲、中亚、南亚……住宅楼、学校、电厂……从 China（中国）运来的 china（瓷制品）铺满了一个个角落。

（摘自 2017 年 4 月 14 日《科技日报》）

三、品牌护城河

从 2000 年“蒙娜丽莎”商标正式注册，仅仅 3 年时间，2003 年 1 月，蒙娜丽莎成为行业首批国家免检产品；2003 年 9 月，蒙娜丽莎成为行业首批中国名牌产品；2006 年 11 月，蒙娜丽莎被认定为中国驰名商标；2010 年，蒙娜丽莎获授“上海世博会特许生产商”称号；2015 年，蒙娜丽莎成为行业唯一同时获得省、市两级政府质量奖的企业；2017 年 12 月，蒙娜丽莎登陆深圳 A 股市场，图 1–4 为蒙娜丽莎在深圳证券交易所上市；2018 年，蒙娜丽莎获得第三届中国质量奖提名奖。

图1–4　蒙娜丽莎在深圳证券交易所上市

1. 品牌时代来临

近年来，建筑陶瓷市场竞争激烈，产能利用率严重不足，但是市场对精装修房的需求却呈现出可喜的上升趋势。不论是中央还是各级省市政府部门，对于推广住宅全装修的初衷由来已久。国务院办公厅联合八部委最早于 1999 年就曾首次提出“加强对住宅装修的管理，积极推广一次性装修或菜单式装修模式，避免二次装修造成的破坏结构、浪费和扰民等现象”。之后，许多省市也相继出台了鼓励成品住宅建设的政策，提出成品住宅发展目标。而住房和城乡建设部 2017 年 4 月印发的《建筑业发展“十三五”规划》中更是直接指出 2020 年新开工全装修成品住宅面积要达到 30% 的目标。2019 年 1 月至 11 月，全精装瓷砖市场规模 274.5 万套，同比增长 23.5%，全精装市场配置率为 99.8%，主力品牌均实现 20% 左右的规模增长（《2019 年中国房地产全装修产业研究报告》）。这就把房地产企业和建筑陶瓷企业更好地整合在一起。大地产商具有融资和品牌优势，使行业集中度不断提高，而这些优质房地产企业在选择自己的供应商时，也更看重品牌，强强联手，才能产生更高的溢价。在精装修房数量上升的同时，建筑陶瓷企业的品牌集中度也日渐提高。

而在终端市场上，这更是一个注重品牌的时代。消费升级下，市场比以往任何时候都注重品牌。消费能力强了，便宜不是唯一的指标，消费者希望在品种多样的市场上，挑选质量更好、花色更多的商品。品牌作为一种长期积累的信誉，作为企业个性化的标志，可以帮助消费者在市场上快速做出选择。

蒙娜丽莎发展的一个重要经验就是，在整个行业快速发展时期，企业就很重视品牌，较早地建立起自己的“品牌护城河”。

2. 品牌护城河的形成是长期过程

品牌护城河的建立是一个长期过程，尤其在建筑陶瓷这样的行业。对于普通消费者而言，关于瓷砖质量好坏的信息不对称现象更加明显，这也意味着企业信誉的积累需要更长的时间。

佛山制造业，一直以来都生机勃勃，很多行业的发展速度超出人们的预期。改革开放后，爆发出的市场需求十分巨大，产能增长也十分迅速，从一条生产线到上百条生产线，有时只需要几年时间。这时候，企业靠什么获得竞争优势？

这是包括建筑陶瓷产业在内很多制造业企业面临的共性问题。

20 世纪 80 年代至 90 年代，建筑陶瓷产业经历第一轮快速发展，供需两旺，1998 年以后，我国开始了房地产改革，房地产行业的发展，带动了建筑陶瓷行业的又一轮发展。佛山地区的建筑陶瓷产业进入了发展的快车道，到 21 世纪初，佛山地区形成了中国唯一且世界著名的建筑陶瓷以及建筑陶瓷技术装备制造产业集群。

改制后的蒙娜丽莎正好赶上了中国房地产改革发展的洪流，是产业发展的好时机，也意味着整个产业的迅速增长。在这样的发展阶段，很多企业会选择

"走量"，忙着赚快钱。

对于这一点，蒙娜丽莎看得很清楚。蒙娜丽莎团队的主力，大都见证过20世纪80年代至90年代建筑陶瓷产业迅速起步的发展阶段，深知靠走"量"生存的模式，相对而言，确实比较轻松，把产品卖掉就不需要再操心了，做品牌比较辛苦，因为除了要保证质量，还要不断创新，快人一步，及时推出新产品。如果没有新产品推出，就很难获得市场的认同，很难生存下去。但正如董事长萧华所说，"比如我们5个人，有一块蛋糕，如果不切的时候大家都有，但是如果一切，就会有人没有，就是这个道理。所以房地产需求越来越小的时候，如果你的品牌不好，可能很快就完了"。

因此，蒙娜丽莎的品牌意识很早就已有雏形，而且他们从一开始就相信这是一个长期发展、积累的过程。

董事长萧华有一位朋友，十多年前同时买了蒙娜丽莎和其他品牌的瓷砖，十多年过去了，蒙娜丽莎的瓷砖依然光亮如新，其他的砖已经花了，有些已经开裂，吸污更是严重。萧华说，"这就是品牌和非品牌产品的区别，买品牌产品，是对消费者有保护的"。

这种保护必须有长期积累，其核心是长期稳定的产品质量。一旦这种长期保护形成，就真正形成了品牌护城河，短时间内很难被超越，因为这种超越，同样要以时间为条件。

长期的品牌建设，让蒙娜丽莎在市场的起起落落中，一直保持着稳步的增长势头，从而能不断投入研发、不断实现产品迭代，进入良性发展的循环。

四、从产品到品牌

蒙娜丽莎品牌建设的过程，是不断创新的过程、不断升级的过程。这一过程包含了产品创新、渠道创新、品牌传播创新，这些创新使蒙娜丽莎品牌不仅保持了长期的一致性，更在消费者心中保持了常在常新的形象。通过十多年的品牌运营，蒙娜丽莎逐步建立起了完善的销售网络。截至2020年底，销售网络国内省会城市覆盖32个、282个门店，覆盖率94%；地级城市覆盖293个、434个门店，覆盖率100%；县镇级城市覆盖981个、1127个门店，覆盖率34%。同时，在国外107个国家和地区进行商标注册，建立了近400个销售网点，坚持自主品牌出口，抢占国际市场。

1. 品牌核心价值：感受艺术，品味生活

蒙娜丽莎品牌的推出，是与公司创新能力提升、质量管理水平提高同步的，所以从一开始，这就是企业经营战略的一次升级。

建筑陶瓷市场竞争激烈，推出一个品牌，还需要有清晰的市场定位、有自己的品牌文化和独特的辨识度。基于对建筑陶瓷市场的理解，也基于大家对目标消费群体的服务价值，在蒙娜丽莎品牌推出不久，企业就将品牌的核心价值定位为“感受艺术，品味生活”。

蒙娜丽莎这个品牌名，“天生”就与艺术有着不可分割的联系。加之建筑陶瓷是装饰人们生活的重要产品，因此，蒙娜丽莎将艺术作为品牌的灵魂，坚持不懈地追求艺术与生活的完美结合。用艺术化的产品来诠释生活，装饰生活，并融入人们的日常审美中。

萧华相信，在建筑陶瓷市场上，对于品牌的直观感受，最主要还是来自产品。多年来，蒙娜丽莎不急不躁，始终确保产品保持相应的艺术品味，为美化人们的生活空间不断努力。

独特的品牌定位，背后是蒙娜丽莎创新能力、质量管理的支撑。蒙娜丽莎推出的产品一直都十分注重艺术性和品质。早期，蒙娜丽莎推出过“雪花白”，后又推出“云影石”“翡翠石”等新产品；2005 年公司推出高端仿古砖“卢浮印象石”；2006 年推出大规格陶瓷薄板和轻质板；2010 年之后，公司相继推出“罗马春天”“罗马天韵石”“罗马玉晶石”“罗马御石”“罗马宝石”“七星珍石”“罗马超石代”“银河星辰”等一系列领先行业的创新产品，这些产品充分体现了蒙娜丽莎品牌的核心价值。

蒙娜丽莎还通过建立蒙娜丽莎文化艺术馆、蒙娜丽莎文艺复兴馆，与知名艺术大师合作，发扬工匠精神，把每一片瓷砖当作艺术精品来打造，不断提升产品的品质，使蒙娜丽莎生产的每一款产品，都具有丰富的艺术品位和文化内涵，能够满足消费者的精神需求。同时通过装备、工艺、技术的突破升级，推出一系列科技含量高的创新产品，在细节处彰显产品的品质。借助世界领先的陶瓷薄板，进行瓷艺画深加工，提升产品的附加值。这些层出不穷的创新产品，牢牢支撑起蒙娜丽莎品牌的核心价值。

很多经销商感叹，在佛山看到大大小小的品牌厅，常常不知道如何选择，但是看到蒙娜丽莎打造的文化艺术馆后，往往眼前一亮，一下就记住了蒙娜丽莎这个品牌，也被这个品牌的艺术性所打动。

2. 常在常新的蒙娜丽莎品牌

在品牌传播创新上，蒙娜丽莎沉得下去，拔得上来。一手抓各渠道终端品牌传播，一手紧扣品牌核心价值创新，不断提升品牌影响力。

（1）把品牌体现在终端细节中

公司坚持“专门部门、专人负责”的工作原则，建立了以集团董事、营销副总裁直接领导的，品牌销售公司、企划中心、市场部等实施的品牌运营体系。其中，所有品牌相关的规划、推广、培育、维护等活动由集团企划中心统一组织与协调。公司建立的品牌运营团队，由营销副总裁、销售总经理、企划总监、文化总监、市场部经理、品牌策划专员等100多人组成。

蒙娜丽莎十分重视终端的品牌形象。由于行业的特点，陶瓷企业都非常重视渠道建设，但渠道环境对消费者有何影响，如何达成消费，却缺乏重视。蒙娜丽莎对渠道建设精耕细作，对接触点深度管理。

硬件上，公司以终端3000多个专卖店为窗口进行品牌形象展示，每年花费巨资进行店面的迭代升级，持续提升品牌形象。这是消费者和品牌接触的最重要接触点，这些专卖店对于消费者来说，就是一次实景体验，颜色怎么搭配、配饰怎么布置，不同质感的瓷砖和不同的灯光如何组合才有最好的效果，瓷砖的图案、纹理、质感、光泽度等，这些细节，只有在实体店的近距离接触中才能体验。公司针对专卖店的管理建立了统一的管理办法，但每一家门店又有专门的设计师根据具体情况进行规划。

相关链接

根据目前蒙娜丽莎瓷砖产品结构，结合各展厅在不同区域市场的消费能力差异及各展厅位置主要消费群体的定位，对蒙娜丽莎瓷砖专卖店分为三类，各类店的设计及装修具体标准按公司相关规定，表1-1为蒙娜丽莎瓷砖各类专卖店设计及装修具体标准。

表1-1　蒙娜丽莎瓷砖各类专卖店设计及装修具体标准

项目	A一类店	B二类店	C三类店
适用区域和市场	直辖市、省会及重点地市等高档室内市场	省会地级城市或重点区域市场中心形象店	内地县市及区镇市场
展厅实际面积	150~500 m^2	500 m^{2}以上	250~500 m^2
装修砖种选择	地面及样板间全部采用重点产品（可设仿古瓷片选材区）	1）地面用砖：抛釉:木纹:抛光:仿古≈5:2:1:2；2）样板间用砖：抛釉:木纹:抛光:仿古:瓷片≈5:2:1:2:1	1）地面用砖：抛釉:木纹:抛光:仿古≈3:2:2:2；2）样板间用砖：抛釉:木纹:抛光:仿古:瓷片≈4:1:1:2:2
目标定位	一线中等以上城市一流店面	整体	一线城市普通店面；二、三线城市标准店面

（摘自蒙娜丽莎企业标准《客户广告及专卖店装修管理细则》）

在终端店面，各种推介活动常年不断，以增加消费者黏性，比如设计师推介会、家装团购、新品上市、新店开张、设计师沙龙等。

在软件上，蒙娜丽莎坚持提高终端服务水平。每年都会举行各类培训，提升终端销售人员的服务水平，使他们充分了解每年公司推出的各类新产品的属性和卖点，由技术、质量、设计等不同领域的专业人员向终端服务人员深入介绍产品的灵感来源、设计开发和工艺流程，以平实易懂的语言提炼产品卖点，推行更高效、准确的话术，保持不同终端统一的品牌形象。

从硬件到软件的终端品牌建设，强化了消费者的产品感知，有助于缩短消费决策时间，促进现场下单，这种“临门一脚”的功夫，是长期精细化管理的结果。

对于品牌传播，公司逐步建立了相对完善的传播网络。公司以机场、户外、高速路牌、景区广告牌、高铁车站、院线等为主要发布媒介，同时在腾讯、搜狐、新浪、网易、百度、凤凰网等主流网站上持续发布品牌信息，并通过今日头条、一点资讯等移动端媒体和各类微博、微信的大V进行品牌宣传推广，构建起较为完善的品牌传播网络。2005年起，随着搜狐、新浪、网易、百度等门户网站的兴起，蒙娜丽莎开始加大在互联网领域的广告投放。随着新媒体的兴起，公司官网、微博、微信、公众号、QQ、抖音等社交媒体上，蒙娜丽莎也是全面布局。每年推出新产品，通过图文并茂的方式把瓷砖的各项测试指标直观展示在网民面前。这些网络传播渠道，对蒙娜丽莎品牌推广起到了巨大的作用。

（2）把握品牌传播的制高点

蒙娜丽莎通过各种方式，抢占传播制高点。

公司通过建立蒙娜丽莎文艺复兴馆，开创了将展厅、卖场店升级为艺术馆的先河，改变了枯燥的陶瓷消费模式，实现了购物环境的艺术化体验。公司还通过世博会特许产品亮相世界博览会，代言中国陶瓷文化，征求全球华人陶瓷礼品设计方案，参加建国六十周年成就展等活动，不仅大幅提升了品牌的高端形象，也将产品的卓越品质传达给公众。

不仅如此，蒙娜丽莎组织的很多传播活动，已经超越了产品本身而旨在提升企业品牌的整体形象，逐步巩固了蒙娜丽莎品牌形象。

蒙娜丽莎首创行业品牌跨界营销。蒙娜丽莎瞄准国际领先水平，实现了上下游全产业链的升级换代和跨界联动创新，建立全员、全过程、全产业链的质量责任体系，开辟出了一条艺术、绿色、智能发展之路。通过与房地产、轨道交通、医院、家电、家具等行业的跨界融合，既成为万科、保利、碧桂园等大型房企的核心供应商，又拓宽了陶瓷薄板在高层幕墙领域的应用，还创新研发出陶瓷冰箱、陶瓷厨柜、陶瓷面板家具等新产品，对产业转型升级起到了示范作用，成为供给侧结构性改革的典范。蒙娜丽莎首创行业品牌节营销。传统淡季里，在全国各地联动策划推广“蒙娜丽莎微笑节”，变淡季为销售旺季，图1–5为“蒙娜丽莎微笑节”北京站活动现场。

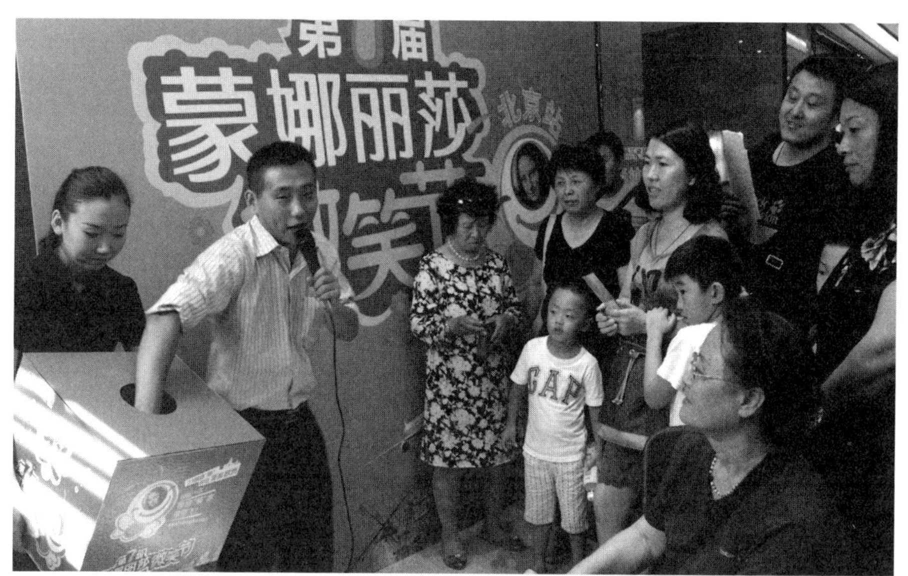

图1 5　“蒙娜丽莎微笑节”北京站活动现场

表 1-2 为历年微笑节当月销售情况。

表1-2　历年微笑节当月销售情况

历届	当年7月份销量（亿元）	当年微笑节销量（亿元）	当年9月份数量（亿元）
2009年	0.7	1.3	0.8
2010年	0.9	1.5	1.0
2011年	1.2	1.7	1.3
2012年	1.4	1.8	1.5
2013年	1.5	2.3	1.6
2014年	1.8	2.6	2.0
2015年	2.1	2.8	2.1
2016年	2.2	3.0	2.3
2017年	2.75	2.77	2.71
2018年	2.69	3.92	2.78
2019年	3.13	4.23	3.90
2020年	5.13	5.59	6.06

除此之外，公司还十分注重通过体育赛事来提升公司的品牌形象，彰显公司的软实力。2003 年，蒙娜丽莎锁定本土拥有较高关注度的南海西樵女子龙舟队，并正式冠名为“西樵蒙娜丽莎女子龙舟队”。随着蒙娜丽莎女子龙舟队在一系列国际、国内比赛中取得的骄人成绩，为蒙娜丽莎从一个行业品牌蜕变为大众品牌起到了强大的推动作用。蒙娜丽莎的体育营销情缘由此开启，秉承“更快、更高、更强”的体育精神，在发展的道路上迈开更加矫健的步伐。2011 年，蒙娜丽莎瞄准佛山的王牌名片——武术，冠名“广东省武术散打队”，实现体育与品牌的共同提升。

不仅专注于本土体育赛事，蒙娜丽莎更将体育营销的策略版图扩展到世界性项目中。早在 2001 年，蒙娜丽莎就提出“让北京奥运成为展示中华建材的舞台”，经过多年不懈努力，以过硬的品质、丰富的产品和完善的服务，最终入选 2008 年北京奥运会七大场馆瓷砖供应商，先后走进了奥运会羽毛球馆、数字北京、奥运媒体村、国家体育馆、举重馆、排球训练馆等诸多场馆的建设中，为奥运会的成功举办助力。

2008 年北京奥运会，当数亿中国人进入奥运营销的全民盛宴的时候，蒙娜丽莎再次发力，携手权威媒体搜狐助威中国体操，以搜狐公司享有奥运独家互联网赞助商身份和其拥有的所有中国体操项目独家资源作为平台，协助蒙娜丽莎进行全范围立体式整合传播。随着社会各界对蒙娜丽莎品牌的认可，2010 年，蒙娜丽莎冠名搜狐南非世界杯 2010《南非英雄谱》栏目。同年，入选成为广州亚运会十三大场馆瓷砖供应商。2017 年，蒙娜丽莎与意大利 CIC 冠军国际签约，推动体育文化的发展。

品牌战略的成功给蒙娜丽莎带来了丰厚的回报，蒙娜丽莎借助体育赛事的影响力和各大媒体的平台优势，聚焦网媒渠道，借助热点事件，完成了一次又一次品牌价值的高质量传播，品牌形象得以立体塑造和有效提升，其市场成长率、综合占有率、市场覆盖率都不断增长和扩大。

为了创造更持久、爆发性更强的品牌知名度与影响力，蒙娜丽莎阔步走向更广更远的天地，将体育营销的策略版图扩展到国际盛事亚运项目中，2018 年初签约成为 2018 年第 18 届雅加达亚运会官方合作伙伴，同年 6 月签约国际米兰足球俱乐部。2020 年 10 月，蒙娜丽莎与杭州亚组委签约，成为杭州 2022 年第 19 届亚运会官方建筑陶瓷独家供应商（见图 1–6）……一系列的举措，使蒙娜丽莎品牌的知名度和影响力不断扩大。

图1–6　集团董事副总裁邓啟棠与亚组委代表在杭州签约

在推进陶瓷薄板的市场化进程当中，陶瓷薄板营销团队提出了“技术营销”的概念，即通过专业、完整、系统的技术解决方案，建立陶瓷薄板的销售体系。早期，板材事业部营销峰会都紧扣陶瓷薄板产品和相关应用技术，同时集团还连续多年组织数十场专业技术交流会，新品推介会，通过绿色建筑幕墙技术、节能建筑等专业展会和专业论坛等，大力推广陶瓷薄板的应用，取得了显著的成效，彰显了企业的科技实力。

相关链接

案例一：蒙娜丽莎微笑节

2009 年之前，建筑陶瓷厂商的促销活动大多集中在元旦、“五一”“十一”假期，但是在“五一”和“十一”之间却有一个长期而又漫长的淡季。市场会陷入传统的低谷中。为了跳出同质化的假日营销，打破市场淡季的魔咒，蒙娜丽莎选择在每年建厂之日精心策划了一个“微笑节”，以品牌文化当中的微笑文化为核心诉求，每年通过独特的主题，进行厂商与消费者之间的“微笑”互动，以微笑文化和巨额让利回馈消费者。2009年8月，蒙娜丽莎首届“微笑节”正式启动，这次“微笑节”一推出就成为终端市场的营销亮点。明星助阵、限时秒杀、品牌联盟、周年店庆、开业盛会等诸多活动，打破了淡季的消沉。特别是“微笑”这个主题，与品牌文化高度吻合，易于让消费者接受。在传播微笑文化的同时达到了提升业绩的目的。经过持续不断的市场推广，如今，“微笑节”已成为蒙娜丽莎厂商的重大节日。且每年都会丰富微笑节的内涵，使“微笑节”成为一种社会化的微笑活动，成为一次品牌文化的传播活动。

例如2018年，蒙娜丽莎除了开展新奇有趣的线上互动，发布感动人心的视频内容外，还通过包机看亚运等一系列促销活动，传递品牌核心理念，更容易让消费者打破感官壁垒，真切感受品牌方传达的情绪，而后爱上这个品牌。

案例二：奥运营销

2012年，当伦敦奥运会火热进行之时，为了抓住奥运旋风，把微笑与快乐传播到极致，由蒙娜丽莎举办的2012年“第二届蒙娜丽莎微笑大使网络评选盛典”于8月1日拉开帷幕，在全国范围内启动“微笑天使”征集活动，这是中国瓷砖行业规模宏大、受众影响非常广泛的活动。作为一场集蒙娜丽莎瓷砖艺术观赏性、文化特色性、交流互动规模空前的表情盛宴，预计直接影响观众将达30余万人次，通过对微笑表情收集，蒙娜丽莎送给大众一道百姓喜闻乐见的精神大餐，也间接为中国奥运健儿送去微笑和精神支持。

微笑是人类最美丽的语言。此次蒙娜丽莎微笑大使网络评选活动将带动众多网民朋友积极参与，鼓励人们把微笑融入我们的生活，感受微笑的力量，用微笑诠释生活，用微笑传递快乐。同时，蒙娜丽莎陶瓷通过多家网络媒体的转载，使这次评选活动成为扩大微笑效益与传播精神文明建设的重要载体。

据了解，微博用户可通过登入“HOLD不住的微笑”进入第二届蒙娜丽莎微笑大使网络评选活动专页，根据步骤提示关注“蒙娜丽莎”官方微博，上传个人的微笑图片，并填写对微笑的描述，见图1-7。网友上传的微笑图片将显示在活动页面中进行公开评选。10月8日，集团公司将从中选拔出若干名微笑大使，并开展相关线下选拔活动，成为蒙娜丽莎微笑大使的用户将有机会赢得时尚大奖，畅游南粤名山，免费入住豪华酒店，更有机会与当红明星参与蒙娜丽莎品牌网络微电影的拍摄。

除此之外，蒙娜丽莎还开展了“微笑诺言，真挚心语”“蒙娜丽莎，微笑一夏”少年儿童美术即席挥毫大赛以及蒙娜丽莎“夏日艺术嘉年华”等丰富多彩的活动，满足了不同年龄层次市民朋友的需要，通过参与活动让每一个热爱生活的家庭体验到分享的快乐，真正意义上将蒙娜丽莎式的微笑植入人们的日常生活。通过征集“微笑天使”，在企业与消费者之间搭建起沟通与交流的互动平台，以社会化互动营销，充分挖掘和彰显蒙娜丽莎瓷砖的意式文化特色，推动中国家居行业的繁荣与发展。

图1-7　未知星球的星际大使来到蒙娜丽莎

3. 意大利为我贴牌

中国是世界第一大瓷砖出口国，但是很多陶瓷企业走的是低质低价的路线。蒙娜丽莎在2000年成立了国际贸易部，开启了国际化进程。许多国际建材商看到高速发展的中国建筑陶瓷业，瓷砖产品价格十分便宜，于是，他们纷纷到中国市场进行贴牌，然后再通过强大的国际网络，把产品卖到世界各地。

一时间，贴牌生产成了很多企业生存的法宝。这样的发展方式看上去很简单，企业不需要投入研发、设计，不需要思考营销，不需要培养各个领域的专业人才，投入也少，甚至建起一条生产线就可以贴牌。对企业的能力要求很低，当然也根本不需要考虑品牌。

那时，蒙娜丽莎每年都会走出去，参加各类的国际建材展，见到国外成熟企业的发展模式，蒙娜丽莎的经营者深深地感到，做这样的出口贴牌业务，有很多的隐忧。长期如此，往往会陷入低价竞争的恶性循环，看似一年忙到头，却挣不到钱。而且从一开始樵东陶瓷厂成立，到蒙娜丽莎转制，创立品牌，公司已经在创新、质量、品牌上大幅投入，如果还做着与其他企业一样比价格的贴牌生意，显然，蒙娜丽莎并没有多大的成本优势，反而会把自己原有的优势也丢失。

因此，从 2012 年开始，蒙娜丽莎逐步停止了为海外代理商、建材商的品牌贴牌业务，逐步转向以自主品牌出口为主。这样的调整，短时间令蒙娜丽莎的国际业务遭遇了巨大的阵痛，但公司还是“咬定青山不放松”，坚持自主品牌出口。公司先后在印度尼西亚、印度、斯里兰卡、柬埔寨、马来西亚、沙特阿拉伯、伊朗等国家建立了蒙娜丽莎品牌展厅和专卖店，逐步打出了自己的品牌，并以自主品牌参与海外项目的竞争，比如马来西亚的碧桂园森林城市项目等。

2016 年到 2017 年，蒙娜丽莎相继在意大利建立了生产基地和研发中心，与意大利的陶瓷集团进行合作，让意大利的陶瓷企业为蒙娜丽莎贴牌生产，然后在国内市场销售。

让意大利企业为蒙娜丽莎贴牌，不仅是通过他们的高品质产品扩大市场份额，更重要的是通过这种合作，公司在产品设计、品质控制、工艺技术等方面与国际最先进水平保持同步。借助意大利的设计能力，丰富了蒙娜丽莎产品的品类，让消费者有更多的选择。

4. 品牌迭代，从樵东到 QD

近年来，消费升级在各个领域都在上演，在建筑陶瓷领域，消费者不仅要求产品耐用，更有着清晰的个性需求，这也要求企业要对不同的消费群体也就是市场有着更精准的定位。

随着公司对品牌建设的深入理解，也为了应对市场细分的要求，蒙娜丽莎在品牌运营上，更加注重市场定位，把更多品牌管理的理念运用到建筑陶瓷行业，更多地关注消费者的审美需求。

考虑到原有蒙娜丽莎品牌的定位，为了给消费者更多的选择，集团公司着手双品牌运作。原有的樵东品牌虽有一定的市场基础，但定位不是很清晰，需要重新规划。2013 年，蒙娜丽莎启动了“樵东瓷砖”品牌全面升级“QD 瓷砖”计划，用樵东的拼音缩写代替原来的汉字。2014 年，蒙娜丽莎全面实行蒙娜丽莎与 QD 双品牌发展战略。

与过去单纯向西方审美靠近不同，近年来，简约、轻奢的审美正在受到越来越多人的喜爱，和很多人预想的不同，更多的中青年群体开始喜欢带有中国传统元素的配色与外观设计。从品牌运营的角度，“蒙娜丽莎”很难聚焦这样风格独特的市场定位。樵东有着丰富的地域文化内涵，多年运营，也有着较为完善的渠道资源和品牌影响力。但是这个品牌有强烈的地域特征，当这个区域还没有成为一个区域品牌时，企业品牌并不能很好的“借势”。所以即便这个品牌中蕴涵了岭南文化的特征，但在传播上的优势并不明显。同时，这个品牌和今天简约、轻奢的审美方向还有一定距离。

升级为 QD 瓷砖，一方面继承了樵东积累的文化内涵和品牌影响力，另一方面以字母代替“樵东”二字，使这个品牌彰显了更加简约、现代、国际化的气质，在传播上没有语言障碍，更加无边界，符合简约、时尚的品牌定位。

2015 年，QD 瓷砖深入贯彻“扎根”策略，注重重点城市与县镇市场的同步布局，迅速构建起以北京、天津、乌鲁木齐、兰州、成都、贵阳、南京等区域重点城市为核心的区域市场布局，在中国门户京畿要塞开拓网点，以强劲的发展势头，业绩逆势飘红，持续稳定增长！ QD 瓷砖进一步优化品牌体系，提出“轻时尚”的品牌定位，实现品牌再次升级。

QD 定位清晰，已经逐渐成为品牌核心竞争力。QD 瓷砖以极简风格为品牌基调，是在保持传统的中式风格基调、将中国传统文化嵌入品牌精神的基础上，以现代元素点缀其中。整体风格多了中式现代，却少了传统沉闷，多了实用，少了浮夸。既彰显传统文化千年风雅，又具有新时代的时尚气息。

在传播内容上，QD 瓷砖开始尝试由产品信息向品牌风格的转变。这是基于品牌运营团队对自己的客户有了更精准的画像。QD 瓷砖目标消费群体的定位是年轻的消费群体，对时尚、轻奢、国际化的追求更加突出。因此在产品开发上，公司更加注重网红、爆款、热销产品的开发，从而让年轻消费群体形成对品牌的高度认同，形成品牌黏性。

在传播策略上，公司注重从传统媒体到移动互联网的跨界整合。移动互联网时代媒体不断泛化，消费者品牌接触点复杂化。QD 瓷砖打造的品牌生活馆、风尚馆，从线下展厅到虚拟场景体验活动。在每一个品牌接触点都传达出 QD 瓷砖清晰一致的品牌形象，良好地作用于消费者的品牌认知。

在这些品牌运营的实践中，公司越发感到，在新的消费升级趋势下，从产品营销到品牌沟通，日益重要，是企业与消费者保持紧密联系的保障，是品牌保持生命力的基础。

五、消费升级时代的建筑陶瓷品牌

近年来，消费升级在各个领域上演，衣食住行中的“住”，对于中国消费者来说是一笔巨大而重要的开销，对居家环境的改善，相对于过去十多年的爆发增长，正在日益变成稳定而持续的“刚需”。无论是二次装修的升级，还是首套住房的装修，顾客群体更加分散，个性化需求更加强烈，千篇一律的装修时代正在慢慢过时。

所以，在消费升级时代，消费者的可支配收入多了，可以花更多的钱，买更好的东西。但是需要思考的是，难道消费升级仅仅是把更好的东西，用更贵的价格，卖给更有钱的人吗？

绝不是这么简单，我们会发现如今的消费者更关注“体验”，更关注“品质”，这些特征会在新生代消费者身上越发明显。一个消费者要认同一个品牌，他考虑的维度会更加多样，所谓消费升级，价格、产品都只是众多维度中的一个。因此对于企业来说，一个品牌所蕴含的内容必须更加丰富。对于建筑陶瓷产品来说，产品创新、产品质量、环保责任、文化内涵都是必须考虑的，这也是本书后文中关注的内容。

从品牌管理的角度来说，利用新技术，特别是互联网技术，改善用户体验，了解用户信息，精准定位市场，是必然趋势。

近年来，蒙娜丽莎为了适应互联网时代的变化，不断打破用户边界，正迎来一个全新的品牌时代。

1. 互联网 + 消费者

互联网和消费者的消费行为融合，带来的有终端的改变、消费过程的改变、消费者关系维护的改变，以及顾客信息、反馈信息收集方式的改变。

虽然各种线上消费已经在各行各业展开。但是在建筑陶瓷领域，特别是大宗消费，大多数消费者还是离不开在实体店现场体验。终端的升级是互联网时代的必然选择。这种升级并不是简单的更高端的陈设，而是和顾客的情景体验结合在一起，和各种技术服务、互联网服务结合在一起，和更完善的订单管理系统结合在一起。企业的竞争也不仅是渠道争夺战，而是渠道优化，从浅层渠道陈列向深层渠道体验转变，各地层出不穷的品牌体验店已经昭示了这一趋势，在终端，体验、娱乐、感知、情境，从不同角度增加与消费者的互动。生活情境被移植到了终端，审美体验被移植到了终端，在今天的蒙娜丽莎的体验店，甚至让消费者忍不住“打卡”留念，然后在网上分享，线下终端和线上世界交融不分。

在终端，利用各种技术，消费者还可以通过蒙娜丽莎独有的“微笑天使”瓷砖消费预知系统，直观形象地看到自己选择的瓷砖在家中铺设后的装饰效果，而且能精确计算出所需砖的数量以及装修预算，快捷方便。各种信息化技术正在嵌入消费过程。

互联网和消费者关系的融合还在于可以利用线上、线下的融合形成消费者社群。近年来，公司尝试了各种活动打造蒙娜丽莎的粉丝群体。持续多年进行的“微笑大使评选”“蒙娜丽莎瓷砖特约·世界发现之旅”等活动，将线上、线下活动融合在一起，增加了粉丝的黏性，传播了蒙娜丽莎品牌具有的文化价值，图 1–8 是“蒙娜丽莎瓷砖特约·世界发现之旅”活动简介。

图1-8 “蒙娜丽莎瓷砖特约 · 世界发现之旅”活动简介

未来，随着互联网技术的完善，终端还将是一个重要的数据入口。通过终端，更多的关于消费者的数据将会被收集、被分析，成为企业产品创新的基础。

2. 互联网 + 渠道

“互联网 +”时代用户了解产品、了解品牌的方式正在改变，信息的透明使很多消费者在选择产品和品牌前已经非常了解相应的信息，他们来到终端，只是印证或者感受实物。因此消费者需要的是不一样的服务，这需要一个不一样的供应链。

蒙娜丽莎正在利用信息技术逐步完善库存管理。传统渠道停留在产品需要经过多层经销商才能到达消费者手中的渠道模式，企业往往面临着货物积压、库存，导致的结果就是企业资金难以实现周转，随着信息技术的运用，这些问题都将逐步解决。对于消费者来说，将感受到更为顺畅的销售服务。

传统陶瓷企业的固有销售渠道体制需要花费大量的成本来维护经销商、终端客户。互联网技术的普及，正在提供更多的解决方案。随着各种购物平台的兴起，物流体系的完善，订购、运输、安装服务等环节都可以借助互联网而变得更加便捷，图 1–9 为蒙娜丽莎瓷砖家装节抖音直播现场，互联网正在和渠道融合。

图1–9　蒙娜丽莎瓷砖家装节抖音直播现场

3. **互联网 + 制造**

未来借助信息技术的运用，蒙娜丽莎希望实现渠道和制造的融合、用户和制造的融合。

一旦渠道信息、用户信息能够完全打通，那么对制造效率的提升和产品设计的提升都是不可估量的。企业可以更精准地判断市场需求，按需订制，降低库存，降低成本；也可以更清晰地了解客户喜好，设计更多符合市场需求的产品。这是未来很长一段时间内，蒙娜丽莎努力的方向。

现在在一些小的领域，我们正在实现定制化小批量生产，图 1–10 为“蒙娜丽莎号”大飞机翱翔在蓝天。在瓷板画方面，更是可以满足消费者高度个性化需求。这些改变对于蒙娜丽莎这样一个追求艺术审美的品牌来说，价值更大。艺术的重要特征之一就是个性化，重复的工业化、批量化生产并不能体现艺术的特征。随着互联网技术和制造业整合的进一步提升，也必将更好地支撑起蒙娜丽莎品牌的核心价值。

对于蒙娜丽莎来说，这是挑战，也是机遇。在互联网时代，我们的品牌塑造方式正在改变。

但是我们品牌的内在支持却一直没有改变，通过跨界的创新，通过扎实的质量管理，通过全过程的智能制造、绿色发展，实现我们的品牌价值，为消费者带来美好的生活体验。

图1-10　“蒙娜丽莎号”大飞机翱翔在蓝天

结语

在很多企业还沉浸在贴牌加工、挣快钱的发展阶段时，蒙娜丽莎已经开始投入大量资金，打造自己的品牌。在实践中，我们非常直接地认识到品牌的价值。说起来，也因为有了自己的品牌，因为我们选择了这条比较艰难的发展道路，才让我们为了把品牌做好这个朴素的目标，不断历练创新能力、制造能力、品牌运营能力、绿色制造能力。

坚持培育这些能力，让我们在行业发展的窗口期，积累起品牌资产，在今天行业整合的发展态势下，有了更多的竞争资本。

在蒙娜丽莎质量管理模式形成的过程中，品牌意识是至关重要的理念，可以说，它是模式内在的目标。当我们对未来发展方向有所困惑时，这个品牌总能让我们看到更远的未来，即便有时不那么清晰，也能凝聚我们的力量，激励我们坚守和探索。

在市场最直观的激励下，我们一直在思考，什么是我们实现持续发展的品牌资产？我们的品牌的高辨识度绝不仅仅是商标，不仅仅是形象，消费者感知蒙娜丽莎是通过我们的产品和服务，因为我们的创新、我们的质量、我们的环保理念、我们的艺术品位而认同蒙娜丽莎品牌。我们用自己的管理实践来回答这些问题。

第二章

创新，赋能产品升级

CHAPTER 2

蒙娜丽莎从一个乡镇企业改制成为民营企业，直至成为一家上市公司，被市场认可，它的发展，是传统行业企业升级发展的一个缩影。在佛山制造业发展的大背景下，蒙娜丽莎和所有佛山制造业企业一样，经历过产业从无到有的艰苦奋斗；经历过产业快速发展、低位徘徊、转型升级的不同发展阶段，遇到了很多行业发展的共性问题。

面对这些问题，不同的企业做出了不同的选择，蒙娜丽莎的路径选择有自己的独特之处，在一个竞争激烈的行业中，蒙娜丽莎不断进行产品升级、管理升级，其中的主线就是创新，图 2–1 是蒙娜丽莎研究院。这种创新是全方位的，包括产品研发、品牌建设、生产制造，等等。这些创新，都是围绕企业发展中的实际问题，小步快跑，看似普通，却扎扎实实，哪里出现问题，哪里就有创新，这样一步步而来，回头看，蒙娜丽莎已经冲到了行业前列。

图2–1　蒙娜丽莎研究院

在这些创新中，围绕产品的创新是最为核心的。蒙娜丽莎的发展历史，在某种程度上就是产品不断迭代、不断创新的过程。正是这些创新的产品，支撑起公司的一次次跨越式发展，也支撑着公司成功跨越市场低谷。

本章重点介绍蒙娜丽莎产品创新的过程，分析蒙娜丽莎创新的动力、实现创新的条件、创新中遭遇的困难以及创新所取得的成就，由此可以更清晰地看到中国企业特别是中小企业的韧性和在复杂市场环境中求发展的能力。

第一节　创新，赋能发展

创新，被公认为企业跨越发展鸿沟的助推器，蒙娜丽莎的每一次发展，几乎都是伴随一次重要的产品创新。

蒙娜丽莎的创新过程是一个从追赶到引领的过程。最初，蒙娜丽莎的产品创新，追求的目标很简单，并没想过要突破大的品类，我们相信，只要有一个让“消费者眼前一亮”的特点，就能在市场竞争中获得优势。在这些创新中，我们锻炼了能力，也收获了市场，有了迎接更艰巨挑战的能力，有了站在行业发展的高度思考创新的能力。之后，我们主动出击，选择陶瓷薄板，引领了整个行业的发展。

之所以选择这样的创新路径，正是基于我们建筑陶瓷行业的特征，也是基于我们企业的基础。不同行业有不同行业的困难，每个企业创新的阻力和动力也不完全相同。我们的创新，从来没有脱离实际。

一、创新的阻力和动力

改革开放后，我国的建筑陶瓷产业在产能扩张方面速度惊人。在市场的驱动下，很多建筑陶瓷企业是“有条件要上，没条件也要上”。1993 年，我国建筑陶瓷砖和卫生陶瓷产量就双双跃居世界首位，成为世界建筑卫生陶瓷生产大国。2006 年，我国建筑陶瓷砖和卫生陶瓷产品出口量同为世界第一，并出口成套技术装备，成为世界建筑卫生陶瓷出口贸易大国。同时，我国的建筑陶瓷产业区域集中度非常高，佛山地区是全国最大的建筑陶瓷生产基地，企业密集，竞争激烈。行业竞争有以下几个特点。

（1）建筑陶瓷行业是“大行业，小企业”

巨大的市场需求，较为自发的发展方式，造就了瓷砖行业格局，即典型的“大行业，小企业”，行业集中度较低，这种现象到现在仍然十分明显。以2015年数据为例，我国规模以上建筑陶瓷企业1410家，主营业务收入4354亿元。当时知名度较高的企业包括蒙娜丽莎、马可波罗、东鹏、诺贝尔等，其营业收入均不超过100亿元，市场占有率均不足2%，行业内鲜有占有绝对优势的龙头企业，这些都表明瓷砖行业市场占有率非常分散。

企业多，竞争就激烈，大家为了先活下来，往往注重短期效益，挣快钱，所以行业竞争基本都是价格竞争。而追求产品创新难免延时收益，大部分企业规模小、利润低，很少有企业能集聚资源投入创新，因此很多建筑陶瓷企业的创新转型都进展缓慢。降成本、拼价格是竞争常态。

（2）行业发展粗放

行业发展快，监管滞后，特别在行业发展早期，相关行业标准、监管力度还不够严格，行业乱象丛生，产品质量参差不齐，企业的创新激情也不能被很好保护。瓷砖行业的相关标准严重滞后，不能满足行业发展以及市场对瓷砖品质的要求，行业发展水平提升受阻。

由于信息不对称，市场对瓷砖产品品质的判断成本较高，所以有一部分企业对品质、对创新的追求并不强烈，这样一批企业自然会选择依赖低端技术，甚至无技术的劳动力密集型或资源密集型比较优势参与市场竞争，通过更多能耗、更严重污染和更低廉劳动力成本获取生产利润。

（3）创新成本高，模仿成本低

创新对于广大中小企业来说成本高，投入的物质资源、人力资源、时间成本巨大。因此从成本角度考虑，大量企业采取模仿策略，简单模仿新花色、新样式，这样的产品模仿成本很低，能获得短期效益。

佛山的建筑陶瓷产业密集，这些企业相近，人员联系紧密，都是同乡同镇的企业，新技术、新产品、市场反馈好的产品立刻就会被模仿，加上知识产权保护落实也有很大难度，模仿的成本很低。

这样一种发展格局、竞争环境，只有在佛山这样产业集聚高密度的区域十分明显。因此，就个体企业的发展策略来说，主动选择创新的企业自然是少数。

但少数并不代表没有，市场的竞争本就是如此，能够成为优秀的企业本就是少数。

这样的竞争环境，也并不意味着没有机遇，它仍有着鼓励创新的内在动力。

第一，大多数企业实力较为均衡，意味着创新的机会也较为均等。大家站在相似的起跑线上，如何实现创新需要企业脚踏实地的探索，要看企业给自己的定位。对一个有长期发展愿望的企业来说，这样的行业发展阶段，反而是一个充满机遇的阶段。

第二，在行业发展的这一阶段，市场活跃，企业林立，要想胜出，只有创新。而且谁能取得先发优势，谁就能越早脱离低价竞争的恶性循环。

蒙娜丽莎相信一个简单的道理，跑量的快钱，看起来挣得容易，但很可能是忙忙碌碌几年，细算下来，并没什么积累，企业不过是在疲于奔命罢了。还是要抓住时机，做出有新意、品质好、和别人不一样的产品。蒙娜丽莎相信这样的产品会得到市场的青睐，会给企业带来更高的利润，这是企业一步步发展起来的唯一出路。所以，只要有条件，蒙娜丽莎愿意拿出一部分资源投入创新，而不是简单的“落袋为安”。

二、产品创新成就企业发展

在蒙娜丽莎的发展过程中，产品创新不断。但是有几次产品创新，给蒙娜丽莎的发展提供了特别的动能，成为蒙娜丽莎转型升级的助推器。可以说，正是以产品升级为主线，蒙娜丽莎一步步实现了企业的全面发展。

随着改制的完成，蒙娜丽莎开始了一轮轮产品升级和企业改革，1999 年，成立企业研发中心，推出雪花白等产品；2003 年，重新整合企业管理队伍；2004 年，实现了同比增长 40% 的佳绩；2007 年，推出陶瓷薄板，引领行业变革。在全行业流行薄板的今天，蒙娜丽莎依旧不断创新，不断拓展品类，推出大板、岩板等不同品类，在产品创新方面，始终走在行业前列。

蒙娜丽莎的产品创新主要涉及以下 5 个方面：

一是款式的创新。主要是花色、图案、规格等外观装饰方面的创新。

二是材质的创新。主要是利用现代工艺技术，通过原料、配方的改变，实现陶瓷材料的功能创新，比如轻质板、可弯曲的陶瓷板、超大规格特种性能陶瓷板、陶瓷与其他材料复合板、防弹陶瓷等。

三是设备以及釉料的创新。比如说使用喷墨打印机及墨水、超洁亮技术，全抛釉及其他柔抛技术等。

四是功能的创新。比如防滑瓷砖，隔音、吸音轻质板等。

五是环保的创新。比如瓷砖的薄型化对资源、能源的消耗大为减少，轻质板是利用废渣生产的，属节能减排绿色产品。

这五个方面，有时候各有侧重，有时又是整合在一起，最终形成了蒙娜丽莎产品创新的两条主线：一是对传统瓷砖的不断创新、优化、迭代；二是以全新理念，研发陶瓷薄板，开行业先河。

1. 从“雪花白”开始不断引发行业风暴

成立早期，蒙娜丽莎开发的“雪花白”，在行业内引领了白色风暴，至今仍在流行，成为瓷砖界一款经典产品。

20 世纪 90 年代末，房地产市场起步，刚刚走上改善居住环境道路的中国消费者，尤其喜欢洁净、明亮、好清理而且能让房间看上去更加宽敞的白色瓷砖。

有着敏锐市场嗅觉的蒙娜丽莎，当时只有一个朴素的研发理念：既然大家都喜欢白色，那我们就生产“让人眼前一亮”的白色。对这个颜色的追求，主导了整个产品研发，从原材料到加工工艺，蒙娜丽莎研发出了让人眼前一亮的白色瓷砖，给它起名“雪花白”。

2002 年，“雪花白”正式上市，并通过广东省科技成果鉴定，至今仍然广受欢迎。

“雪花白”这个名字，在业内原本指一种大理石，特征就是洁白，有的有黑色花纹，质地细腻光洁，在石材中属于高档石材。无论是东方建筑，还是西方建筑，白色建材都是历史悠久的经典材料。天然石材的雪花白大气、明亮，但价格高，品质不好控制，大规模使用时，很难保证整体品质一致。

蒙娜丽莎推出的雪花白抛光砖，不仅色彩质感不输天然石材，而且外观质量可控，各种物理性能稳定。叫它雪花白，是因为这种瓷砖的确有天然石材的质感。它和一般白色瓷砖不同，这种白色瓷砖不仅是釉料的白，而是从内到外的白，由精选的超白原料精制而成，是从原材料开始就严格控制的一款产品。蒙娜丽莎反复研究制定配方，再经过一系列工艺试验，才最终推出。它的白度高达 80 度以上，比普通的抛光砖高 20 度，实现了“让人眼前一亮”的目标。

当然仅仅是不一样的白还不行，要实现各种装饰效果，还要开发不同的花纹。蒙娜丽莎以此为基色，不断设计各种花纹。经过反复比较、试验，从德国买来黑色釉料，创作出各种花纹，很受市场欢迎。但这种釉料价格高昂，一些模仿者也想做出同样的花纹，又不愿投入，只好用其他釉料代替，图案的效果大打折扣。

白色系列在瓷砖界流行多年，与其说是一系列产品，不如说是一个品类，我们的“雪花白”正是这个品类中的领军产品。雪花白推出后，同行模仿的很多，但真正有口碑、有质量的，还是蒙娜丽莎这款产品。今天市场上说起白色瓷砖，常常统称雪花白，说起雪花白，常常又特指蒙娜丽莎的雪花白。

雪花白系列的研发给蒙娜丽莎带来了丰厚的回报，连续多年畅销。

在蒙娜丽莎早期的发展历程中，这款产品是具有标志意义的，蒙娜丽莎也是通过这款产品第一次确立在行业中的引领地位。

此后蒙娜丽莎在研发创新的道路上，不断对传统的瓷砖进行升级换代，一次次引领行业流行趋势。

雪花白是抛光砖领域的扛鼎之作。在抛光砖这一品类，蒙娜丽莎还进行了一次次升级换代，研发了一系列明星产品。最初蒙娜丽莎推出“天骄石”“珠玑石”在深色砖领域独树一帜；后来公司不断优化工艺，加大研发力度，几乎每年都会推出新产品。2003 年，推出“幻影石”“晶窟石”；2004 年，推出“金星玉石”“蓝田玉石”；2005 年，推出“大花绿”“环保美感白 78”“云影斯都”“黑金沙”系列；2006 年，推出“帝诺岩”“玲珑白玉”系列；2007 年，推出“卢浮印象石”“商周青瓷质仿石砖”；2009 年，推出“依云石”“罗马洞石”“芙洛拉”等；2011 年，推出“梵高金”系列。这些抛光砖不断迭代，形成了蒙娜丽莎独特的产品风格，也是建筑陶瓷产业抛光砖这一品类产品演化的一个缩影。

全抛釉是继仿古砖、抛光砖之后又一热销的产品，采用了可以进行抛光工艺的特殊配方，经过抛光之后釉面光洁平整，明亮如镜，同时又采用了釉中彩工艺，图案花色丰富，既可以仿石、仿木，又超越了仿古砖的色彩。

2010 年，公司推出“罗马春天”，采用了国际先进的辊筒印花技术，色彩丰富艳丽，成为热销产品。罗马系列产品，得益于公司强大的创新研发体系，也源于蒙娜丽莎不断地与世界一流的陶瓷装备、材料设计公司进行深度合作。

2015 年，蒙娜丽莎以革命者的姿态成功研发出行业最新喷墨渗花仿石通体瓷质砖“罗马宝石”。这种产品采用多种创新工艺叠加，立刻打破了行业同质化的困局，突破了传统抛釉砖生硬的光泽肌理，和传统的抛釉砖相比，它的图案更加丰富，色彩艳丽，变化自然，从内而外立体还原天然大理石的纹理和质感，是瓷砖行业石材回归与革新技术的完美结合，是瓷砖行业模仿天然名贵石材的大成之作。2017 年至 2018 年，随着渗透墨水工艺技术的不断完善，蒙娜丽莎研发人员在第一代“罗马宝石”的基础上不断更新技术，更新花色，又推出了采用渗透墨水工艺的通体全瓷类、大规格创新产品，如“罗马大时代”“罗马超时代”等。

公司对传统瓷砖的迭代升级，就是这样从未停止，在研发的带动下，公司形成了以高端产品为主的产品结构，到 2019 年，除清远生产基地保留小部分高端抛光砖产品以外，西樵生产基地大多生产高端釉面砖、陶瓷薄板、陶瓷大板。

2. 从厚到薄，推动行业变革

薄板，是蒙娜丽莎产品创新历程中浓墨重彩的一笔。这也是蒙娜丽莎产品创新的另一条主线。

2005 年，国家对“节能减排”控制力度加大，许多建筑陶瓷企业开始意识到中国的环保治理力度会不断加大，蒙娜丽莎也早早有了这样的嗅觉——“将来我们这个行业必定会面临节能减排的课题。”薄板，毫无疑问在资源和能源上可以大幅度降低消耗。

彼时，陶瓷薄板在国外兴盛。1993 年，陈帆教授在德国慕尼黑举办的陶瓷展览会上，看见过一种厚度只有 3 mm 的大尺寸陶瓷薄板。2001 年，萧华在意大利博罗尼亚陶瓷展上第一次看到了意大利企业生产的 1000 mm × 3000 mm × 3 mm 的陶瓷薄板。此后，欧洲的很多陶瓷品牌都开始推广陶瓷薄板。

但是一开始，中国的陶瓷薄板之路并不好走。当时以意大利为代表的陶瓷强国要求所有生产陶瓷薄板的机械设备厂家不允许将有关技术、设备卖给中国。

没有技术与设备的支撑，过去传统的压机、窑炉、抛光、磨边都无法达到减量化与薄型化，第一个生产陶瓷薄板的企业意味着必须要付出大量的人力、财力与心力。

而我们陶瓷行业又高度市场化，基本都是民营企业，以一家企业之力来承担这种创新的风险，大家都在掂量，观望。

所以很长时间，国内建筑陶瓷薄型化、减量化只停留在理论探讨的阶段，没有实质性的进展。

要创新必须拿出真金白银。

2003 年，山东德惠来装饰瓷板有限公司采用湿法工艺首次生产出超薄纤维陶瓷装饰板。2004 年，大规格超薄建筑陶瓷砖的技术开发得到国家“十五”科技计划支持。科技部下文立项，项目名称为“大规格超薄建筑陶瓷砖产业化技术开发”，希望借此项目降低瓷砖生产对资源能源的消耗。

当时，广东科达洁能股份有限公司（现科达制造）筹建了国内首条薄型陶瓷砖中试生产线，希望通过对瓷砖减薄方面的研究，为行业积累陶瓷薄板在生产方面的经验和数据。这条生产线从全自动压砖机、干燥窑到烧成窑等一应俱全，是当时国内少有的建筑陶瓷新产品中试线。然而经过一段时间的研制后，技术攻关遇到了难题，致使研发工作无法进行。2006 年 6 月，陈帆教授邀请萧华到科达机电旁边的一个茶屋喝茶。陈帆教授开门见山地对萧华说，“科达公司有一条陶瓷板材的中试线，建成了一年多都没有用起来，非常可惜”。他问萧华有没有兴趣进行陶瓷薄板的研发和生产。听了陈帆教授的讲解后，萧华当场拍板，说：“只要您支持，我们就干。”

“参加了那么多讨论的会议，耳朵都听出茧来了，不如我们就拿点钱尝试一下吧，败了就败了。”萧华做出了决定“要改变政府、媒体、公众、社会对我们行业的看法，我们一定要用行动做出来。”“不谈一分钱价格，多少就多少。”2006 年，蒙娜丽莎投入 3800 万元，与科达制造进行合作研究，图 2–2 为蒙娜丽莎大规模陶瓷薄板产业化项目可行性分析报告封面。

图2–2　蒙娜丽莎大规模陶瓷薄板产业化项目可行性分析

2006 年 8 月，萧华要求公司停下正在生产中的一条瓷砖生产线，指派刘一军、潘利敏等带领全车间 40 多名技术骨干，进驻科达机电中试线，从西樵生产基地直接获取特制的粉料，打响了陶瓷薄板最后的攻坚战。当一块块又大又薄的陶瓷薄板，被 6800 t 的压机压制成型，然后被小心翼翼地安置在输送带上时，大家心中充满希望，但是很多经过输送的素胚还会出现碎裂，或是形成暗纹。好不容易被送入窑口的素胚，出来的成品却七扭八歪，变形严重，有些干脆成了“麻花”。经过反复的修正、调试，大概 20 天时间，终于拿出了比较满意的样板，也增强了我们投资大规格陶瓷薄板生产线的信心。之后，蒙娜丽莎与科达机电的合作也就顺理成章。

2007 年初，经过与董事会研发人员的反复研讨，集团董事会决定投资兴建国内第一条干法成型陶瓷薄板生产线。项目从中试线进入了试生产阶段，但是仍然有大量的问题暴露出来。为此，蒙娜丽莎的技术团队先后从调整原料配方、创新脱膜方式、改变传输方式、降低传输破损、解决表面装饰、优化胚体烧成、改善后期加工包装等环节一项项解决技术难题，经过几个月的试验，终于具备了可生产的条件。

国家科技部“十一五”重大科技支持项目也因此落户蒙娜丽莎。项目由蒙娜丽莎、科达洁能、咸阳陶瓷研究设计院合作研发：蒙娜丽莎自身解决技术生产、科达洁能提供整线装备、咸阳陶瓷研究设计院提供产品检验及其分析报告。2007 年 3 月，陶瓷板材项目通过原国家建设部科技发展促进中心组织的建设行业科技成果评估。在多方努力下，第一批试生产的产品很快就有了一份非常详细的检验报告，为后来的标准制定打下了良好的基础。2007 年 6 月，陶瓷板首条生产线，国家“十一五”科技支撑计划重大项目“蒙娜丽莎绿色环保节能瓷质板材示范基地”在蒙娜丽莎举行盛大的启动仪式，到 2007 年 11 月，蒙娜丽莎建成了世界上第一条年产 100 万 m^2 大规格干压瓷质薄板生产线。

2007 年 10 月，蒙娜丽莎在人民大会堂举行发布会，正式对外宣布陶瓷板产业化研究领域取得重大突破，蒙娜丽莎率先在中国建筑卫生陶瓷行业实现了陶瓷板产业化，产品规格为 900 mm × 1800 mm，厚度为 3.5 mm 和 5.5 mm，这种薄板的厚度只有传统瓷砖的 1/3，在生产时可以节约原料 75%，使土地资源利用率得到了相应的提高；综合能耗可降低 85%；SO_2、CO_2、氮氧化合物、烟尘排放量降低60%以上。新产品具有大、薄、轻、硬、韧等特点，尽管薄、轻，其物理和化学性能却丝毫不打折扣，达到甚至超过传统瓷砖，被陶瓷业界专家、华南理工大学教授陈帆视为中国建筑陶瓷工业“十年磨一剑”的技术革命。这是蒙娜丽莎的大胆尝试，也为中国建筑陶瓷的“薄型化”发展奠定了基础，开创了陶瓷领域“薄型化”的先河。蒙娜丽莎也因陶瓷板的显著节能减排、传统产业升级示范效应，先后获得国家发展改革委、工业和信息化部、佛山市政府等的奖励。

2008年，蒙娜丽莎研发人员在纯色板的基础上，开始研制抛光类陶瓷薄板。试制前期的材料破损非常大，但是经过技术人员的努力，最终还是解决了陶瓷薄板抛光易烂的难题，生产出第一代全抛光产品，被国家科技部、原国家外贸部、原税务总局、原国家质检总局、原环保总局评为国家重点新产品，蒙娜丽莎也在这一年被国家科技部评为“国家火炬计划重点高新技术企业”。

2009年，公司自主研发陶瓷薄板专用微粉布料设备，研制出具有突破性的微粉抛光产品，“夏松石”“秋松石”等，获得国家科技部、教育部、商务部、工业和信息化部、知识产权局、北京市政府颁发的循环经济与节能减排优秀成果奖；佛山市人民政府2009年粤港关键领域重点突破项目；原建设部科技发展促进中心全国建设行业科技成果推广项目。2009年9月20日，作为中华人民共和国六十周年庆典系列活动的一项重要内容，“辉煌六十年——中华人民共和国成立60周年成就展”在北京展览馆隆重开幕，工业展区中，数张陶瓷板树立其间，蒙娜丽莎成为唯一入选的建筑陶瓷企业。

之后，蒙娜丽莎进一步开展了陶瓷薄板产品开发，图2-3为蒙娜丽莎陶瓷薄板生产现场。2010年，针对陶瓷薄板釉面装饰效果，蒙娜丽莎的科技人员，开发出纯色釉面系列、仿墙纸、仿木纹等装饰性更强的陶瓷薄板产品。

2011年，公司又开发出“金线石”“银线石”“梵高金”等全抛釉系列产品。把艺术创作与创新材料结合，以陶瓷薄板为基材开发可供室内外装饰使用的陶瓷薄板。2012年，公司引进全球最大的3D喷墨设备，研发生产出“卡布奇诺”“布雷夏石”等仿大理石薄板系列产品，还开发出高耐候性艺术陶瓷板、砂岩面陶瓷板、防静电陶瓷板。2013年，公司利用喷墨技术推出“金钻麻”“金彩麻”等岩石系列与“澳洲砂岩”“非洲砂岩”等系列产品。

图2-3　蒙娜丽莎陶瓷薄板生产现场

作为中国首家瓷质陶瓷板研发、生产单位，蒙娜丽莎担任了GB/T 23266《陶瓷板》的起草工作，这一标准于2009年11月正式实施。这是建筑陶瓷行业划时代的标准，标志着建筑陶瓷行业正式从过去单一的“砖”时代，步入了“砖”“板”共存的新时代。之前，建筑陶瓷行业大多执行的是GB/T 4100《陶瓷砖》标准。《陶瓷板》标准的出台，距离2007年蒙娜丽莎研制成功国内第一片干压大规格陶瓷薄板已经过去了两年多，期间，陶瓷薄板的概念也有颇多争议，包括“陶瓷薄板”“瓷质板”“薄板”“瓷抛板”等，都曾有企业和媒体宣传过，但行业内并没有一个统一的名称；直到《陶瓷板》标准出台，才第一次正式定义了“板”的概念，明确区分了“陶瓷砖”和“陶瓷板”的区别。但是，标准并没有采纳“陶瓷薄板”这样一个当时颇受欢迎的名称，而是去掉了能够代表产品关键属性的“薄”字，正式定义为“陶瓷板”，本书统称陶瓷薄板。

虽然标准叫“陶瓷板”，但企业和公众还是喜欢称这类产品为“陶瓷薄板”，因为这个“薄”字，对于企业来说，代表着工艺的复杂，代表着当时研发时最重要的追求，公众最直观的感受也是从厚变薄，这一变化对建筑陶瓷行业的影响深远。十多年来，陶瓷板逐步得到市场认可，这一次蒙娜丽莎给行业带来的是从工艺到应用的颠覆性的变化。

蒙娜丽莎以创新引领行业的发展路径也日益清晰。

目前，蒙娜丽莎陶瓷薄板已远销英国、法国、德国、比利时等国，在东南亚国家以及“一带一路”沿线国家，每年以 20% 的速度迅速增长，成为非透明幕墙装饰的领军品牌。

同时，蒙娜丽莎主导制定了陶瓷板国家标准，并作为主要起草单位参与制定陶瓷板国际标准。

瓷砖薄型化已成为全行业的基本要求，相关标准对陶瓷砖的厚度也做出了限制。在蒙娜丽莎等众多企业的推动下，2015 年 12 月 1 日颁布实施的 GB/T 4100《陶瓷砖》历史性地将瓷砖的厚度写进标准。新修订的标准对干压陶瓷砖厚度做出限定：表面积小于 3600 cm^2 的厚度要小于 10 mm；表面积在 3600 cm^2 到 6400 cm^2 之间的厚度要小于 11 mm；表面积大于 6400 cm^2 的厚度不能超过 13.5 mm。此规定在保证陶瓷砖强度、吸水率等方面技术指标不变的前提下，大大降低了陶瓷砖的厚度，促进陶瓷砖向薄型化发展。

从研发陶瓷薄板，到陶瓷砖也日趋薄型，蒙娜丽莎在整个行业的薄型化上一直是坚定的推进者。

3. 大板、岩板，应用场景不断拓展

2019 年 11 月 5 日上午，蒙娜丽莎再次在人民大会堂发布新品，图 2–4 为蒙娜丽莎在人民大会堂举行 3.6 m 陶瓷大板新品发布会，3600 mm × 1600 mm 的陶瓷大板，这是国内自主研发生产的超大规格陶瓷大板，将大板生产技术、产品和应用推向了一个全新的高度。

陶瓷大板拓展了新的应用场景，不仅可以用于室外，也可以跨界，进入家具、厨卫、整屋定制等新行业。而且陶瓷大板凭借可随意切割、无放射性超标、施工环保等优异性能，每平方米售价最高可近千元，为行业摆脱低价竞争提供了机遇。

当你还想着怎么样密缝铺贴、减少缝隙或者采用哪种美缝剂的时候，陶瓷大板已将瓷砖间的缝隙直接取消或减少到最低限度，用更大的完整性颠覆式提升空间的整体感。这一次，蒙娜丽莎又开启了行业发展的新的一页。

回顾蒙娜丽莎对大板的研制，可以说，以当年的陶瓷薄板为起点，经过 1200 mm × 2400 mm 陶瓷薄板、1200 mm × 2400 mm 陶瓷大板，最终升级为

图2-4　蒙娜丽莎在人民大会堂举行3.6 m陶瓷大板新品发布会

1600 mm × 3600 mm 陶瓷大板，甚至更大规格的陶瓷大板。最为可贵的是，最新推出的这条生产线，全部采用国产设备，在产品、工艺、技术等领域拥有完全自主知识产权。为了产出这块陶瓷大板，蒙娜丽莎还联合佛山恒力泰机械有限公司（简称“恒力泰”）研发出了国产首台最大吨位压机——恒力泰HT36000。这台 36000 t 超大吨位的大板压机也由中国陶瓷人自主设计、生产与制造，拥有自主知识产权。

截至目前，在陶瓷板领域，已形成了薄板、大板、中板、岩板等各种概念的陶瓷板，图 2-5 为蒙娜丽莎陶瓷岩板产品全瓷厨房空间应用展示。相信随着消费市场的不断成熟和完善，还会有新的板材、新的品种出现，以进一步扩大陶瓷板的产品品类。

陶瓷板市场的日渐趋旺，是消费升级带来的必然结果。用整片的陶瓷板替代洗手间和厨房多片瓷砖拼接的墙面，用连纹陶瓷大板制作一幅电视背景墙，用陶瓷岩板替代传统的人造石厨卫台面和餐桌，用更大规格的陶瓷中板替代原来的小规格瓷砖……那种统一而又震撼的效果，远超传统陶瓷砖。

经过多年的探索和积累，陶瓷板的市场份额目前正处于快速上升阶段，成

图2-5 蒙娜丽莎陶瓷岩板产品全瓷厨房空间应用展示

为行业内的“网红”产品、创利产品，2021 年 1 月，更是推出全球最大规格的陶瓷大板，成为行业网红产品，让蒙娜丽莎再次拉开与跟随者的差距，图 2-6 为蒙娜丽莎研发成功全球最大规格的陶瓷大板；而且这种趋势还在进一步扩大与延伸，尤其是在这几年陶瓷市场异常低迷的情况下，陶瓷大板一骑绝尘，提振了市场信心，激活了创新资源，成为广大设计师、经销商最喜爱的产品之一。

超大规格的陶瓷板，不仅能够体现企业的整体实力，为市场推广和品牌建设赋能，更可凭领先行业的差异化优势独占一些特殊的渠道和应用场景。可以预见，未来的陶瓷市场，陶瓷板的份额将会进一步扩大，与传统陶瓷砖形成此消彼长的市场格局。而随着市场对陶瓷板认知和接受程度的加强与陶瓷板进入门槛的降低，陶瓷板产品也将会进一步细分、进化与迭代，产生新的规格、新的品类。

当然，蒙娜丽莎的创新成果远不于此。成立以来，蒙娜丽莎以新工艺、新技术、新装备的开发应用与升级换代为契机，实现技术突破。共完成各级政府项目 12 项，其中国家级项目 8 项，省级项目 4 项，获各级科技进步奖 29 项；成功开发新产品 78 项，其中通过省、市级新产品新技术鉴定和科技成果鉴定的项目有 15 项，这些新产品、新技术均达到国内领先或国际先进 / 领先水平，

图2-6　蒙娜丽莎研制成功全球最大规格的陶瓷大板

部分被列入国家火炬计划和省级有关计划项目。

截至 2020 年 12 月，蒙娜丽莎共获得专利授权 909 件，其中发明专利 124 件（含国外发明专利 4 件），实用新型专利 109 件，外观设计 672 件，图 2-7 为中国专利优秀奖证书。专利涵盖建筑陶瓷设计、生产、应用和环保治理等多方面，在生产制造领域实现了较高的自动化与绿色化，处于行业领先水平。

国家知识产权局
STATE INTELLECTUAL PROPERTY OFFICE
OF THE PEOPLE'S REPUBLIC OF CHINA

中国专利优秀奖

名　称　一种超薄瓷质抛光砖及其制作工艺

专利号　ZL 200710027150.1

发明人　刘一军　母　军　汪庆刚

中华人民共和国国家知识产权局局长

北京 2016 年 12 月

中华人民共和国国家知识产权局
STATE INTELLECTUAL PROPERTY OFFICE OF THE PEOPLE'S REPUBLIC OF CHINA

图2-7　中国专利优秀奖证书

相关链接

蒙娜丽莎创新成果一览表，见表 2-1。

表2-1 创新成果一览表

序号	项目来源	项目名称	实施情况
1	国家发展改革委	新型超薄瓷质板材生产项目	实施
2	工业和信息化部	利用工业废渣生产新型无机板材技术改造项目	实施
3	“十一五”项目	陶瓷砖绿色制造关键技术及装备	完成
4	科技部	新型大规格建筑陶瓷薄板的产业化（国家火炬计划项目）	完成
5	科技部	雪花白抛光砖研发（国家火炬计划项目）	完成
6	科技部	微晶石成套技术与装备（国家火炬计划项目）	完成
7	科技部	蓝田玉石系列产品（国家火炬计划项目）	完成
8	科技部	大规格超薄瓷质板材（国家重点新产品）	完成

第二节 创新需要信念

改革开放后的佛山，制造业快速发展，县域之地涌现出享誉世界的企业，形成了品类丰富、结构完整的产业集群。虽然创新艰难，但佛山还是涌现出不少迎难而上的、富于冒险精神却又能脚踏实地的企业。

一、企业家的信念

和佛山大部分企业一样，蒙娜丽莎从成立到转制，再到逐步发展，才不过几十年，是从无到有发展起来的。企业选择怎样的发展路径，在很大程度上取决于企业家的价值观。在蒙娜丽莎，管理团队的价值观高度一致，对待创新，大家舍得投入。

1. 向市场要机会，向顾客要奖励

佛山企业家大多偏好实业，改革开放以后，佛山制造在很多领域都走到了世界一流。佛山的企业家也特别擅长把握市场需求，根据市场需求不断创新。佛山的企业家相信市场逐利，更相信市场会给创新的企业回报。

蒙娜丽莎也是如此，发展过程中，董事长萧华以及整个管理团队都相信，要始终领先一步，才能赢得企业发展的机会。所以蒙娜丽莎这么多年来不断创新，舍得把钱花在创新上，舍得花钱买最好的釉料，舍得投入和世界知名的釉料公司开发合作；舍得给设计师最好的知识产权保护，舍得让一批批技术人员投入时间和精力来研发新品，这种舍得就是蒙娜丽莎从上到下对创新的态度。

在发展的一个个岔路口，蒙娜丽莎几乎毫无意外地将发展的方向锁定了产品创新。1999 年，刚刚转制的蒙娜丽莎立刻投资 1500 万元成立了企业技术研发中心，明确科技兴企的发展战略，在当时的建筑陶瓷行业中还是少数。

企业技术中心成立之后，蒙娜丽莎的产品研发日益规范，很快就独立研发出“雪花白”产品，引发“全国上下一片白”的盛况，奠定了蒙娜丽莎在行业创新方面的领导地位；随后，蒙娜丽莎独立研发的“微晶石”“蓝田玉石”，连续入选国家火炬计划项目。技术创新的价值，不仅得到了市场的热烈反馈，也推动了行业的创新发展。

2005 年前，公司西樵生产基地的大部分生产线是老生产线，窑炉短而窄，产能低，主要是生产 500 mm × 500 mm 的渗花砖。这种砖在 21 世纪初是出口的主力产品，订单非常多，但是企业效益却不高，特别是当时行业内还有大量新建成的，拥有超大型宽体节能窑炉的企业，生产成本非常低，如果蒙娜丽莎继续生产这种渗花砖，盈利能力将持续下滑。经过一段时间的慎重考虑，公司从 2006 年起，首先停止了第一代渗花砖的生产，开始将产品重点放在仿古砖和釉面砖的开发上。

这一时期市场上还流行一种抛光砖，但是萧华并不为所动，他认为今天热销的产品不代表明天继续热销，热销背后往往隐藏着巨大的危机，他要求管理人员不断压缩低档抛光砖的生产比例，投入巨资，对原有的生产线进行技术改造和升级，并加快釉面砖的开发力度。

2010年前后，正值中国建筑陶瓷业的第三次大规模扩张。佛山产区很多有规模的企业，都纷纷外出圈地建厂。很多内地的政府部门领导也频频上门，以种种优惠政策动员蒙娜丽莎到当地投资建厂，但萧华不为所动，而且还果断取消了一个在江西建厂的计划，把全部精力投入到陶瓷薄板的研发和新产品的推广上来。他相信，这一轮的扩张潮，一定会带来新的市场供需失衡。看清市场始终是蒙娜丽莎发展的关键，在没有夯实自己的产品优势、品牌优势之前，萧华坚信，扩张不如创新。

回顾佛山的建筑陶瓷企业快速发展，可以看到整个产业产能不断提升，产品从国内走向国际，行业创新能力从追随走向引领。蒙娜丽莎始终对创新抱有坚定信念，常常担当起行业中的领头羊，带动和推动了整个行业的一轮轮变革。行业中有模仿者，但也有超越者，在这个市场反应敏捷的行业，越来越多的企业看到市场对创新者的偏爱，这也激励着蒙娜丽莎从不敢懈怠，向市场要机会，向顾客要奖励，坚定创新的回报。

多年来，依靠创新驱动，蒙娜丽莎从成立，到转制为民营企业，再到2015年整体变更设立股份公司，2017年在深圳证券交易所A股上市，公司始终保持了较好的经营业绩和增长速度。每年新产品销售额，都能保持在销售收入的40%以上。

2. 有韧性，能坚持

佛山的企业大多很有韧性，他们低调而生命力旺盛，成长时节节拔高，风雪中宁折不弯。在创新的过程中，这种韧性，成就了蒙娜丽莎。

产品创新是十分漫长的过程，如果加上市场推广，每一款新品从诞生到走向市场，带来利润都要经历很长时间，遇到很多意想不到的情况。对于企业来说，一直是考验。

蒙娜丽莎投入陶瓷薄板研发，从产品研发到全行业掀起薄板浪潮，早已超过了10年。

对陶瓷砖薄型化的尝试，蒙娜丽莎并不是第一家。学界、业界虽然也有不少观点认为瓷砖薄型化是必然趋势，但是真正产业化仍需要解决很多问题，原材料、设备、工艺，没有瓷砖企业的参与，这种趋势永远不能落地。在蒙娜丽莎投入研发之前，佛山有其他企业投入这个项目的研发，在坚持了一段时间之后，因为无法解决很多技术难点，以及对市场没有信心，选择放弃。薄板研发又陷入讨论，无法落地，后来蒙娜丽莎站出来尝试，首期就拿出 3600 万元研发费。

产品研发成功后，2007 年 4 月，蒙娜丽莎在人民大会堂发布大型陶瓷薄板，再到 2009 年主导陶瓷板国家标准制定，2010 年以后市场慢慢接受陶瓷薄板，到业内越来越多企业投资薄板，市场普遍认同，蒙娜丽莎在这款产品上打了一场持久战，始终没有放弃。如果在整个产品研发的过程中，在市场推广的过程中，任何一个环节选择放弃，都不会有今天蒙娜丽莎在薄型化领域的引领地位。

这种坚持很困难，要解决一个个问题，一次次做出选择；这种坚持也没那么复杂，认准了道路，一步步走来。

二、创新，行动是关键

产品研发对企业来说，是一个系统化的行动。不仅要对市场有准确的判断，还需要整合各种资源，为创新的实现创造管理制度上的支持。在蒙娜丽莎内部，创新的执行有困难，但没有阻力。

1. 对市场敏锐，迅速行动

对待创新，蒙娜丽莎的策略是迅速行动，在行动中微调，在行动中完善。

确定市场对白色的偏好时，蒙娜丽莎毫不犹豫，立刻锁定目标研发“让人眼前一亮”的白色产品，目标单纯，快速行动。而且一旦开始研发，就要超越同类产品，彻底占领这个品类的制高点，然后再引领这个品类。

研发薄型化陶瓷板之前，萧华董事长对其了解并不算特别深入，但他还是很快就做出决定，而且立刻投入资源开始研发，因为他坚信这是未来的趋势。十多年之后，再看建筑陶瓷市场，薄型化已经成为主流，薄板的生产线开始增加。当年的这个决定给蒙娜丽莎今天的发展奠定了基础。

当然，在蒙娜丽莎发展过程中，也有一些产品研发后，并没有给企业带来巨大的利润，但在蒙娜丽莎看来这并没有什么。比如蒙娜丽莎曾经研发的微晶石，定位高端，十分美观，有玻璃的质感，是将玻璃行业的特质和陶瓷行业的特质结合，虽然因为成本、定价等原因，在当时销售额相对其他产品并不算大，但这款产品技术含量高，体现了蒙娜丽莎当时的研发制造水平。而且这一产品的研发还提高了蒙娜丽莎产学研合作的能力，我们在和武汉工业大学的合作中，提升了企业的研发水平，积累了经验，也更加了解市场。回头看，每一次创新都有收获。

也因此，蒙娜丽莎把行动看得更重要，很多产品的创新，都是干起来再说，干起来再解决问题。只要做好自己，成败自有安排。

2. 资源向产品创新倾斜

作为一家机制活跃的民营企业，管理团队拿出真金白银来创业，员工们也关心自己的成长和收入，研发出好的产品，市场有回报，在这一点上，公司上下的目标是一致的。企业创新，蒙娜丽莎内部的困难在于，是选择效益延迟获得，还是追求短期利益。

在薄板市场推进过程中，企业内部也有不同的声音。推广市场成熟的产品，销售人员事半功倍，推广新产品，困难多，回报少，一线人员积极性不高。遇到这种情况，集团董事会毫不犹豫地调整分配方案，对新产品推广设立考核指标，对新产品推广给予更多奖励，通过一系列分配方案设计，保证一线人员对新产品推广的积极性。

只要目标清晰，蒙娜丽莎总有各种办法来解决眼前的问题。在发展过程中，我们不断总结这些实践中的经验，渐渐形成了一整套管理办法来支持产品研发创新。

在很多同行还在建起一条生产线就能生产，或是设立一个技术科只有几个技术员的阶段，蒙娜丽莎就意识到应该有一个专门的部门来做产品开发。转制后，蒙娜丽莎的研发部门越来越专业化，1999 年，公司成立研发中心，其后公司逐渐完善研发体系，依靠不同的平台，建立一整套支撑体系确保研发工作的顺利进行。

公司每年下半年会专门召开各部门会议，对产品、工艺等技术问题进行专门的研讨，制定下一阶段产品开发的重点。而在日常工作中，蒙娜丽莎会通过各种渠道汇集市场信息，为研发做准备。研发团队始终距离市场很近。

对于科技创新，蒙娜丽莎还制定了企业标准，细化奖励办法，在以市场为重点的同时，能够始终把资源合理地分配给技术人员。多年来，蒙娜丽莎的技术队伍一直相对稳定，并在企业的发展过程中得到了锻炼。公司先后培养博士研究生 4 人、硕士研究生 19 人、本科生 52 人、大专生 120 人；高级工程师 9 人、工程师 35 人、高级技师 8 人、高级技工 290 人；享受国务院特殊津贴 2 人、佛山市领军人才 2 人、大城工匠 4 人。富有创新能力的技术研发队伍为公司的技术研发水平始终处于国内同行前列奠定了坚实的基础。

相关链接

表 2-2 为蒙娜丽莎科技创新部分奖励细则。

表2-2　蒙娜丽莎科技创新部分奖励细则

具体内容	奖励标准	分配方案
通过政府批准立项的项目、各级政府给企业的各种荣誉申报项目（如知识产权示范基地、企业技术中心、高新技术企业、质量奖、参与外部标准编制与修订、科技进步奖、节能降耗、绿色工厂、绿色产品、智能制造、新认证体系扶持等）	（1）获取外部资助/奖励后，根据到账资助/奖励金额大小，扣除中介机构咨询费后，按比例奖励（200万元及以上按4%，100万~200万元按6%；100万元及以下按8%）。 （2）无外部相关资助/奖励、通过政府批准立项的项目，每个项目按批准级别的高低进行奖励（国家级5万元、省级3万元、市级2万元）。其中科技进步奖涉及各级协会批准立项的，依政府级别降一级奖励	（1）项目主要完成人员占40%； （2）参与及协调人员占50%； （3）材料组织、申报人员占10%

（摘自蒙娜丽莎股份有限公司企业标准）

如今，蒙娜丽莎的研发部门分为两个板块，图 2–8 为技术中心组织机构图。一部分重点关注新花色、新工艺、新产品，还关注常规工艺的提升和生产技术紧密结合，图 2–9 为集团研发人员在工作中。另一个板块则关注未来 5~10 年的工艺，不仅做瓷砖，还关注临近的基础学科，利用这些平台，做到领跑，为企业下一步发展做技术储备，图 2–10 为集团总裁萧礼标指导研发人员工作。

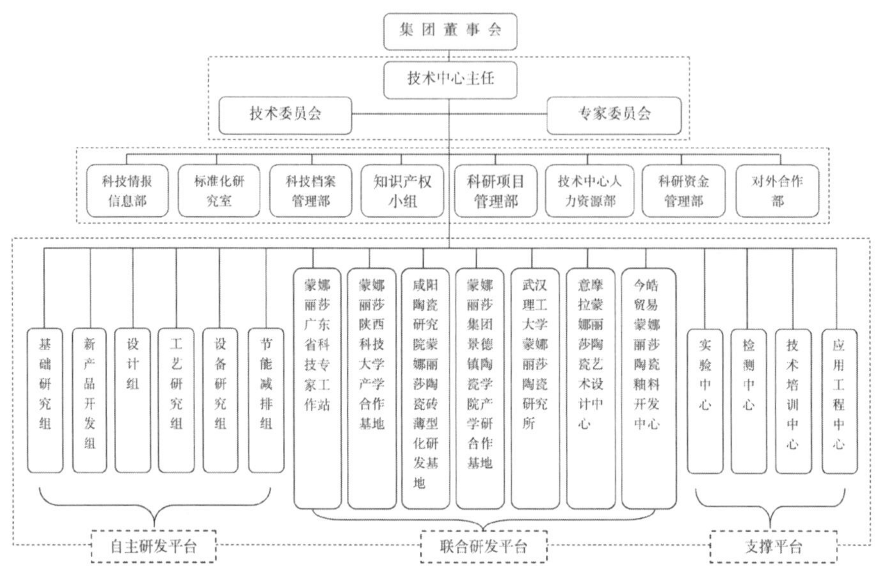

图2-8　技术中心组织机构图

图2-9　集团研发人员在工作中

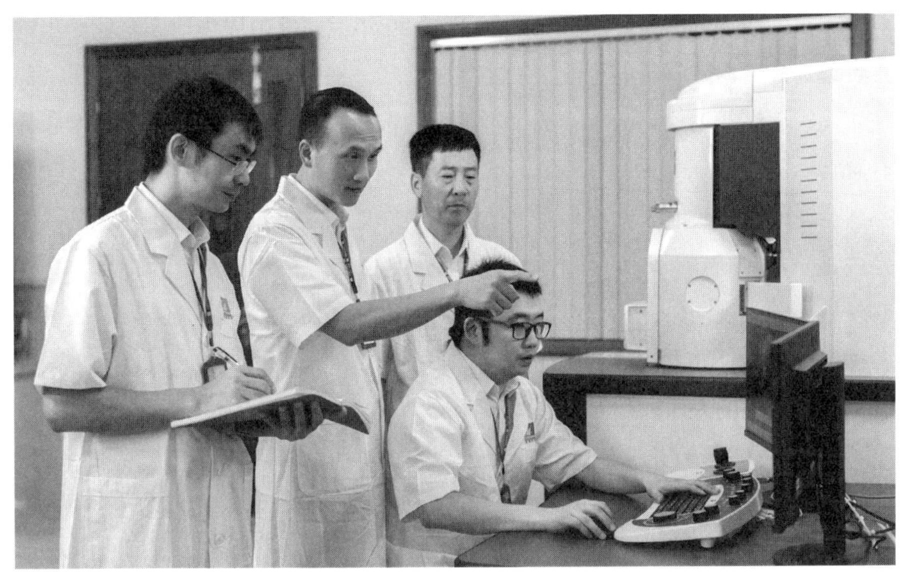

图2-10　集团总裁萧礼标指导研发人员工作

第三节　创新需要生态

对于蒙娜丽莎这样规模的企业来说，投入巨资进行产品研发，有很大风险。在不断发展的过程中，蒙娜丽莎也体会到，要实现创新，不仅需要企业的主观能动性，还需要良好的外部环境。蒙娜丽莎正好赶上了佛山制造业发展的好时代。

一、孔雀东南飞

改革开放给了佛山制造巨大的空间。20 世纪 90 年代末企业转制，2001 年中国加入世贸组织，中国制造业迸发出巨大的活力，珠三角地区凭借地域优势、政策优势，制造业企业迅速崛起。

对于蒙娜丽莎来说，珠三角地区制造业企业的集聚带来的人才集聚是一笔重要财富。当时内地人才南下成为风潮，南方企业机制灵活，生产的产品适销对路，员工收入高，工作有激情。20 世纪 90 年代，佛山周边地区企业给出的工资远远高于内陆省份的企业，加之当时内陆一些企业正值改制，很多员工面临转岗、下岗的挑战。南方，成了不少人的选择，“孔雀东南飞”在那个年代有着特殊的涵义。

当时的西樵政府也给出一系列政策吸引外地人才，蒙娜丽莎副总裁刘一军是内地下海到佛山发展的杰出代表（见图 2-11）。在薪酬上，西樵乡镇企业对外地人才一视同仁，不仅没有差别，还提供一定的补助。每逢节假日，组织各种活动关心外地人才，生病住院也有人关心。事情虽小，但一件件做下来，就留住了各地的人才。

20 世纪 90 年代末来到西樵的，有高校刚毕业的学生，到南方来闯一闯，看看这个改革开放的前沿阵地能成就怎样的事业；有内地国营老厂的管理人才、技术人才，和家人两地分居，放弃陪伴家人的机会，希望在这里翻开事业的新篇章。如果不是这里有开放包容的环境，如果不是这里有蓬勃发展的产业，如果不是这里有活力四射的企业，很难让五湖四海的人才留下来。

图2-11　副总裁刘一军（左一）是内地下海到佛山发展的杰出代表

蒙娜丽莎管理团队和技术团队中，至少有一半以上成员都来自外地。他们中有一个学校的同学，有原本一个厂的同事，一个来了，又叫来了另一个。口口相传就吸引了一批批人才。当时，他们在蒙娜丽莎的收入，是内地同类企业的 8~10 倍。

丰厚的收入是留下来的一个原因，在这里能学到东西、做事爽快是另一个原因。

从 20 世纪 80 年代开始，佛山一带就开始引进各种国外瓷砖生产线，到了 20 世纪 90 年代，很多企业都用上了国产化率很高的设备，这里形成的区域性领先优势对于留在这里的人才来说是更好的学习机会，是成长的机会。

生产线上，这里有国内其他地区还较为少见的设备，遇到的问题也大多没有先例，只有自己解决；管理岗位上，内陆省份的工厂里，电脑还比较少见，在蒙娜丽莎已经开始了一轮轮的电脑培训，这种个体的学习成长促进了企业的良好发展。

蒙娜丽莎在同行中，对于产品研发一直是先走一步。

在学习中成长，在成长中创新，对于企业来说，这是行业发展上升期带来的机遇，回头看，也是因为蒙娜丽莎选择了一条重视创新的道路，才留下了更多的人才，成就了企业的发展。

相关链接

一家说普通话的公司

在蒙娜丽莎，几乎所有的员工都说普通话。事实上，董事长萧华是土生土长的佛山人，在大半生的工作生活中，萧华与周边同事的交流，基本上都是用有着浓重佛山口音的普通话。在改革开放之前，在佛山这个相对封闭的岭南之乡，讲普通话的外地人特别的少，本地人也基本不会讲普通话。但是随着蒙娜丽莎的成长，越来越多的五湖四海的员工来到了这里，这些员工根本就听不懂佛山本地的“白话”。交流出现障碍，这个时候，萧华就主动用普通话和他们交流。久而久之公司召开各种会议，大家也都是用普通话进行交流。萧华的普通话讲得不太好，有时候显得挺吃力，但是他宁可让自己吃力，也要让员工听明白，他知道放弃自己熟悉又顺畅的方言，用普通话和员工交流，不仅仅是让对方听得明白，听得清楚，更是对员工的一种尊重，更是双方平等的交流。

今天走进蒙娜丽莎的员工食堂，这里可以听到的是各种口音的普通话。这里的饭菜也是各种口味。有北方的面食，有南方的米饭；有辛辣的，也有清淡的。这里，很少有那种异乡的感觉。

二、自发的产学研合作

蒙娜丽莎的产品创新都是以市场为导向的。

市场需要什么就研发什么，在研发中遇到什么问题，就去组织资源解决问题，路径清晰，注重效率。

在这种思路的指引下，蒙娜丽莎一步步摸索建立起来了和高校、研究机构的合作。

在研发“微晶石”这款产品时，蒙娜丽莎开始了第一次“跨界”合作，为了追求光洁的质感，蒙娜丽莎将玻璃行业的工艺和陶瓷行业的工艺结合，但是企业的资源有限，当时蒙娜丽莎就想到了与高校合作。

和高校不熟悉没关系，只要可以联系上，只要真诚地带着项目来，大家就能找到合作的方式。

为了开发“微晶石”，蒙娜丽莎带着想法、带着企业的制造能力、带着企业积累的生产经验，找到武汉理工大学。在这个过程中，我们分析高校的需求，各取所需。对于学校来说，企业是一个可以量产的实验室，我们可以为学校提供各种设备、资源，在磨合中蒙娜丽莎渐渐得到了很多高校的认可。

教授们带着课题来，带着学生来，把这里当作实验室、实习基地，只要可以合作，大家就可以讨论合作的方式，没有拘泥，没有既定套路。能解决问题，就是最好的。

随着合作的深入，蒙娜丽莎开始建立院士工作站，在高校设立助学金，每年有博士、硕士固定来这里实习，做课题。在厂里的技术人员看来，和这些高校的学者们一起工作本身就是对自己的快速提升。可以了解行业发展的新方向，接触新技术，还可以系统学习他们做研究、做课题的方法，对于企业带来的隐形收益不可限量。对于高校的老师和学生来说，他们会在企业中“接地气”，能深切体会试验和量产的关系，了解市场的需求，把课题做得更扎实。

最初蒙娜丽莎抱着单纯的目的主动联系高校开展合作，随着蒙娜丽莎自身能力的提升，越来越多的高校找到我们，越来越多的项目落地，蒙娜丽莎的产学研平台日益完善，蒙娜丽莎的研发平台日益完善。

2004 年，蒙娜丽莎企业技术中心被认定为“广东省建筑陶瓷工程技术研究开发中心”，2005 年被认定为 “广东省企业技术中心”，并承担了广东省内陶瓷产业的多项研发课题。

2011 年 7 月，中国陶瓷行业首个院士工作站——徐德龙院士工作站正式落户蒙娜丽莎。随后，多项行业创新技术正式投入研发。院士工作站引进核心技术人员，为企业、地方和行业的技术及产业规划、核心技术研究、各类科技人才培养等方面都做出了重大的贡献。通过院士工作站高层次人才平台的建设，不仅对企业大有益处，对当地产业也有很好的提升作用。

2013 年，蒙娜丽莎设立博士后工作站科研站点，企业技术中心被国家发展改革委、科技部、财政部、海关总署、国家税务总局等共同认定为国家认定企业技术中心，图 2-12 为国家认定企业技术中心证书。

图2-12 国家认定企业技术中心证书

2014 年 1 月，蒙娜丽莎国家认定企业技术中心揭牌，全行业仅有两家企业获得国家级企业技术中心的认定。国家认定企业技术中心，是国家发展改革委、科技部、财政部、海关总署、国家税务总局为贯彻落实《中共中央关于制定国民经济和社会发展第十一个五年规划的建议》和《中共中央、国务院关于实施科技规划纲要增强自主创新能力的决定》，根据2007年5月20日起施行的《国家认定企业技术中心管理办法》开展的一项企业创新平台认定、评价体系。它的建立，旨在建立以企业为主体、市场为导向、产学研相结合的技术创新体系。

2016年10月24日，全国轻工业科技大会在北京会议中心召开。会上，中国轻工业联合会发布了首批中国轻工业重点实验室名单并现场授牌，图2–13为蒙娜丽莎获得的中国轻工业无机材料重点实验室证书。蒙娜丽莎股份有限公司申报的中国轻工业新型无机材料重点实验室，经过严格的推荐和评审流程，入评首批中国轻工业重点实验室。

图2–13　中国轻工业无机材料重点实验室证书

2017年，蒙娜丽莎集团成立中国陶瓷薄板应用中心；2019年，蒙娜丽莎获批首批中国轻工业工程技术研究中心，图2–14为中国轻工业陶瓷装饰板材工程技术研究中心证书。

蒙娜丽莎通过这些平台聚集了300多位研发人才。华南理工大学、西安建筑科技大学、景德镇陶瓷大学、咸阳陶瓷研究设计院、上海硅酸盐研究所等都是蒙娜丽莎产学研合作的伙伴，长期开展各类科研合作，表2–3为蒙娜丽莎合作项目。

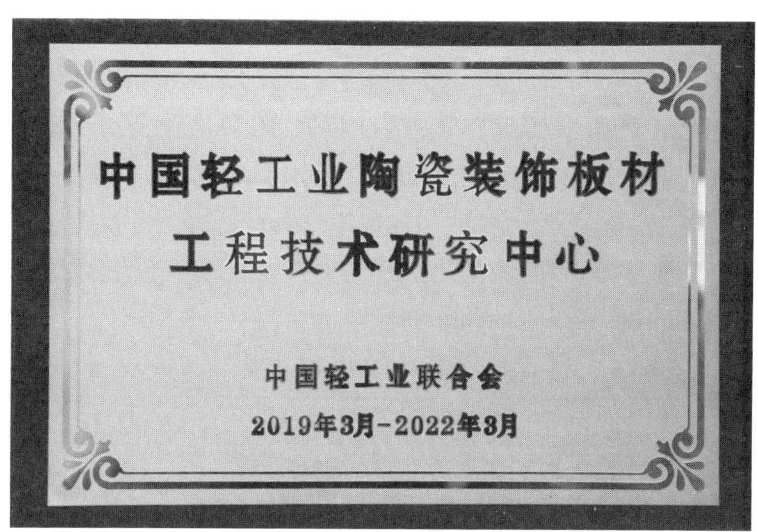

图2-14　中国轻工业陶瓷装饰板材工程技术研究中心证书

表2-3　蒙娜丽莎合作项目

序号	项目名称	受托方（乙方）	合同签订日期
1	陶瓷薄板配套专用水泥基铺贴剂的研究	西安建筑科技大学	2013.6
2	装饰保温一体化陶瓷复合板的研究开发	西安建筑科技大学 广东蒙娜丽莎院士工作站	2013.6
3	陶瓷坯料制备“新干法工艺和装备”	西安建筑科技大学	2011.10
4	高掺量粉煤灰制备烧结保温泡沫陶瓷材料的技术开发	华南理工大学材料科学与工程学院	2014.7
5	超大规格陶瓷薄板成套工程技术研发及产业化	佛山市恒立泰机械有限公司	2014.5
6	陶瓷薄板配套专用水泥基铺贴剂的研究	西安建筑科技大学	2013.6
7	保温装饰一体化陶瓷复合板的研究开发	西安建筑科技大学	2013.6
8	高强度、高韧性、抗冲击陶瓷薄板制备可行性研究	中国建筑材料科学研究总院	2016.9
9	陶瓷生产线烟气治理工艺优化技术服务	陕西循环经济工程技术院	2016.9

2019 年 11 月 18 日，由蒙娜丽莎牵头的中国建筑陶瓷产学研创新联盟发起成立并举行了签约仪式，表 2–4 为公司主要研发机构。中国建筑陶瓷产学研创新联盟旨在汇聚中国建筑陶瓷产业链相关的教育、科技、生产、服务单位和科技工作者，开展中国建筑陶瓷产业重大关键技术联合创新：倡导求实、创新、团结、协作精神；形成整合资源、互补优势、发挥特长的合作模式，合理配备资源，实现产业链效益的最大化；解决产业的技术瓶颈问题，提高产业整体水平，促进中国建筑陶瓷产业的健康可持续发展。

表2–4　公司主要研发机构

研发机构名称	认定部门	级别	认定时间
广东省工程技术研究开发中心	广东省科学技术厅 广东省发展计划委员会 广东省经济贸易委员会	省部级	2004年
广东省企业技术中心	广东省经济贸易委员会 广东省财政厅 广东省国税局 广东省地税局 海关总署广东分署	省部级	2005年
国家认定企业技术中心	国家发展和改革委员会 科学技术部 财政部 海关总署 国家税务总局	国家级	2013年
中国博士后科研工作站	人力资源和社会保障部 全国博士后管理委员会	国家级	2013年
中国轻工业无机材料重点实验室	中国轻工业联合会	省部级	2016年
中国陶瓷薄板技术应用中心	中国陶瓷工业协会	省部级	2017年
中国轻工业陶瓷装饰板材工程技术研究中心	中国轻工业联合会	省部级	2019年
中国轻工业蒙娜丽莎工业设计中心	中国轻工业联合会	省部级	2019年

相关链接

蒙娜丽莎研究院举行启用仪式

2020年8月4日，蒙娜丽莎企业研究院正式成立，以科技创新赋能新消费，推动产业升级。相关政府部门及商协会领导，各领域专家、学者与蒙娜丽莎高层管理人员共同见证这一历史性时刻，图2-15为董事长萧华向蒙娜丽莎研究院负责人颁发聘书。

图2-15 董事长萧华向蒙娜丽莎研究院负责人颁发聘书

蒙娜丽莎研究院，企业科研创新的升级版

蒙娜丽莎研究院是蒙娜丽莎诸多创新平台的升级版，集结了蒙娜丽莎多年来打造的科研创新平台、产学研合作、人才队伍建设等硬件和软件实力，进一步提升企业的创新能力。

蒙娜丽莎研究院院长由集团董事、总裁萧礼标担任，常务副院长由集团副总裁刘一军博士担任，副院长由集团董事、董事会秘书张旗康，集团总工程师潘利敏担任，拥有行业顶尖的专家顾问团队，组建科技委员会以及近300名研发技术人员。刘一军介绍，蒙娜丽莎研究院项目分两期进行，一期工程 8000 m^2 研究院主楼已完成建设并投入使用，二期工程涵盖检测中心、智能化全功能实验生产线等 4000 m^2 将于 2023 年建成。研究院设有两个分院：蒙娜丽莎广西分院、蒙娜丽莎清远分院。下设陶瓷功能化、陶瓷材料应用技术、陶瓷绿色智能制造、高性能陶瓷板应用、陶瓷产品设计、基础科学 6 大研究所。

蒙娜丽莎研究院先后引进 X 射线荧光光谱仪、X 射线衍射仪、扫描电子显微镜、金相光学显微镜、同步热分析仪、热膨胀仪、激光粒度分析仪、静摩擦系数测试仪、动态摩擦系数测试仪、远红外线发射率测试仪等一批先进的试验设备，并建有全功能建筑陶瓷中试生产线，为研究院科技创新战略打下更加坚实的基础；还将在现有获得中国合格评定国家认可委员会（CNAS）认可实验室的分析测试中心基础上建立陶瓷力学性能实验室、陶瓷大板设计加工试验室，以基础理论研究、分析测试为基础，不断改进、创新产品及深加工工艺、设备，建立整套新型技术体系。萧礼标表示，蒙娜丽莎研究院将以陶瓷应用装饰材料为中心，向着基础科学、边缘科学不断拓展与延伸，形成基础研究、应用研究、科研开发三位一体的创新机制，进一步夯实我国陶瓷产业的科研基础。

三、和装备企业“抱团”创新

2019 年 7 月 4 日，由蒙娜丽莎与恒力泰合力研发的首台 HT36000 压机在蒙娜丽莎西樵生产基地正式上线运行，并且成功压制出 3600 mm × 1600 mm 超大规格陶瓷大板。这是国产首台超大吨位压机，对中国建筑陶瓷行业而言，是一项标志性的技术创新，也是衡量陶瓷大板生产实力的重要标志。36000 吨压机的上线，意味着蒙娜丽莎 3600 mm × 1600 mm 超大规格岩板即将面世。同年 11 月，蒙娜丽莎举行 3600 mm × 1600 mm 超大规格岩板新闻发布会，蒙娜丽莎的产品创新迈入了又一个新的发展阶段。

事实上，蒙娜丽莎的产品创新一直是和装备制造业的协同创新结合在一起的。这也是佛山制造业能快速发展的一个重要条件和重要特征。产业链上下游企业高度融合，给小规模企业创新提供了条件。

20 世纪 80 年代至 90 年代，佛山一带引进了大量进口瓷砖生产线，但进口生产线定价高，零部件更换周期长，维护成本高。一个零件坏了，从下订单到运到国内要几个月时间，外国技术人员也不愿意留在中国企业一直服务，短期目标完成后就急于离开，无法满足当时如火如荼的产业发展。中国企业的技术人员、工程师们在摸索中快速学习，装备产业在这样的学习和摸索中逐渐发展，董事长萧华原本就是当地有名的“窑炉大王”，对于装备重要性有着充分认识和理解。

20 世纪 90 年代到 21 世纪初，佛山产区逐渐实现了陶瓷装备的国产化，并且逐步实现了陶瓷装备的出口。例如，2002 年，广东科达机电股份有限公司首条陶瓷整线工程出口到越南。陶瓷机械制造水平大幅提升，并开始逐步走向自主创新。

陶瓷薄板的研发成功，可以说是蒙娜丽莎和科达机电共同努力的成果，是陶瓷机械装备制造的自主创新,也是蒙娜丽莎这样的建筑陶瓷企业的自主创新,难分彼此。

在陶瓷薄板生产线的研制过程中，两家企业的技术团队完全不分彼此。蒙娜丽莎的团队从产品性能到配方等角度考虑，科达机电从设备具体参数考虑，没有借鉴，一步步试错，成型、干燥、烧成、磨边……每一道工艺都要琢磨，两个团队完全在一起工作，这样一种合作研发的模式，成就了陶瓷薄板。

2006 年大规格陶瓷薄板生产线研制成功，2007 年蒙娜丽莎正式发布陶瓷薄板。

后来，科达机电重组佛山市恒力泰机械有限公司，蒙娜丽莎和恒力泰继续保持良好的合作。

过去，国内陶瓷大板的发展一直备受欧洲先进制造装备、材料和工艺等方面的制约，尤其是压机，超大吨位压机主要依赖进口。压机就好比瓷砖、陶瓷大板生产的“智慧芯片”，只有掌握“芯片”，把关键技术和核心设备牢牢掌握在自己手中，才能从根本上迈出高质量发展的步伐。

从 2015 年的亚洲首台 10000 吨压机、2016 年的国产首台 16800 吨压机，到如今的国产首台 36000 吨压机，都是在蒙娜丽莎与恒力泰达成合作意向后研发生产的。如今，蒙娜丽莎的陶瓷大板生产线已经实现了完全采用国产陶瓷装备，包括压机、喷墨打印机、钟罩淋釉器、磨边机、抛光机等，这在一定程度上带动了国内陶瓷装备企业的发展，最终促使完整供应链的形成。正是有了上下游企业的紧密合作，协同创新，才让大规格陶瓷板生产的国际垄断被一一打破，国产3600 mm大板的诞生更开创了中国陶瓷大板生产逐步走向独立的局面，图 2-16 为蒙娜丽莎与上游装备企业合作，不断推出领先行业的新产品。

图2-16　与上游装备企业合作，不断推出领先行业的新产品

最新投入的 36000 吨压机，在关键技术突破的同时推动着陶瓷大板应用的革新，可以说是真正的大板时代，是“高端 + 柔性化”定制时代。可实现各种大规格砖坯的压制需求以及柔性化定制，厚度规格自由掌控，助推建筑陶瓷行业陶瓷大板继续往“大规格化、定制化”方向发展。而此次 36000 吨压机上线，意味着 3600 mm × 1600 mm 超大规格陶瓷板即将面世，不同厚度尺寸，可以实现多种多样的应用，满足市场多元化需求。厚薄自如之间，让市场开拓与柔性化生产更为便利。

这种长期的合作，同样成就了装备制造业企业，蒙娜丽莎和恒力泰合作的首台设备，也因此得到更多下游企业的认可。

四、新产品投入市场的系统创新

对于蒙娜丽莎来说，产品的研发，只是创新的起点。

创新的困难在于要让市场接受一款全新的产品。这种接受不仅是终端客户要接受陶瓷板，还有运输、施工。材料的改变，代表着整个系统的改变，难度可想而知。

在行业内，众多同行也在观望。已故陶瓷行业泰斗陈帆教授在多年前曾预言："前三十年做砖，后三十年做板"。当时，许多陶瓷人并不以为然。2007 年，蒙娜丽莎建成国内首条陶瓷薄板生产线，正式进军陶瓷板领域。但当时诸多行业同仁仍然对陶瓷板的发展前景及市场推广将信将疑。毕竟，那个时候蒙娜丽莎的陶瓷薄板项目还处于探索阶段，每年只有大量的投入，却没有多少产出，不少企业只能望而却步。

"十二五"期间，国家开始倡导陶瓷板，《建材工业"十二五"发展规划》明确提到，要大力推进陶瓷砖产品薄型化，开发创意设计新品种以及耐磨、耐污、防滑、保温等多功能型产品，推进卫生陶瓷节水与减量化应用，积极发展节水型洁具，大力发展五金配件、机械装备等配套产品。

但陶瓷板的推进仍然非常缓慢，主要原因就在于相关配套产业还没有成熟。

在这种情况下，蒙娜丽莎没有一味等待，而是主动向产业下游延伸，联合相关企业对陶瓷板的运用进行各种开发。

1. 制定标准，一个项目一个项目突破

在陶瓷薄板诞生之初，工程商、设计师、建筑商等消费群体对于产品的性能、应用等方面并不了解。另外，在早期的陶瓷薄板开发中，由于生产技术不够丰富，只能生产纯色的陶瓷薄板产品，颜色单调，装饰性能较差，并不适合室内的墙地面装饰。所以最初的应用大家倾向于室外。

可施工安装仍是问题，陶瓷薄板大、薄、轻，施工时，不能使用传统陶瓷砖的铺贴方法来进行安装施工。而且薄板产品面积大，工人在陶瓷薄板背面涂水泥砂浆时，很难涂抹均匀，也使得陶瓷薄板在铺贴中容易产生空鼓现象，从而导致产品脱落。所以安全问题，是下游很多企业质疑的。

事实上，这是一个系统问题，对于一个民营企业来说，改变整个系统所需的成本太大。

蒙娜丽莎只能逐个突破，主要通过工程渠道推广陶瓷薄板，一个项目一个项目来推广。他们联合建筑师、建筑商等团队共同来完成。为了保证陶瓷薄板产品在应用中的安全性，蒙娜丽莎开发出薄法施工系统，成功解决了产品在安装铺贴中所存在的问题，产品铺贴后的安全得到保障。渐渐地，一些设计师和客户开始尝试将薄板用于幕墙。

在传统的幕墙装饰材料中，按照面板材料分类主要分为石材幕墙、玻璃幕墙、金属板幕墙3大类，这三种幕墙各有千秋，也各有缺点。从性能上说，陶瓷薄板十分适合用作建筑外墙。但是在早期的推广中，由于产品应用技术并不完善，产品的推广却并不顺利。直到2009年，由蒙娜丽莎作为主要起草人的《建筑陶瓷薄板应用技术规程》诞生，蒙娜丽莎的薄板幕墙才有开始较大范围使用的可能性。

但是，薄板的市场推广还是十分艰难。2010年，在佛山地铁工程竞标中，公司花了几百万元来争取该项目，并且在总部展厅，模拟地铁站点以1∶1比例建成了一个完全用陶瓷薄板装修施工的整体工程样板，但是因为相关的标准体系还不完善，竞标单位少等问题而没有得到甲方的认可。为此，陈帆教授先后到西安、北京等地，请专家撰写证明材料，但是，依然无济于事。这是陶瓷薄板推广过程中，一次非常严重的打击。

不仅如此，由于《建筑陶瓷薄板应用技术规程》明确规定了湿贴薄板幕墙只能应用于不超过24 m高的建筑物之上，也局限了陶瓷薄板在建筑幕墙领域的应用，直到杭州生物医药创业基地项目的出现。

浙江亚克药业公司的杭州生物医药创业基地项目，对建筑节能、环保有很高的要求，他们希望陶瓷薄板不仅用于低层建筑，还希望130 m的主建筑楼也将使用薄板幕墙。

不过，2009年出台的《建筑陶瓷薄板应用技术规程》并没有薄板用于高层建筑的规范，同时在130 m高的建筑上也不可能使用湿贴的方式，没有标准、没有图集、没有技术规程，产品应用存在诸多困难。

但从蒙娜丽莎到设计师、业主都没有放弃，大家对陶瓷薄板这一低碳、节能材料十分认可。2007年开始，北京凯乐田原建筑技术有限公司的田原博士就接触到了蒙娜丽莎生产的陶瓷薄板。在她看来，这种材料质感、色彩、肌理都十分完美。从那一刻起，她就决定一定要将这种材料应用到自己的作品当中。一次偶然的机会，田原博士接触到了浙江亚克药业公司的杭州生物医药创业基地项目，该公司董事长楼金先生对建筑节能环保十分重视，于是田原博士就推荐了蒙娜丽莎的陶瓷薄板。经过到蒙娜丽莎考察，他们当场决定选用陶瓷薄板作为生物医药创业项目的幕墙装饰材料。但当时的产品标准、施工图集、技术规程等一系列文件还不完善。通过一次次游说建筑、规划、设计等相关部门，在大家的配合下，经过从 2007 年到 2012 年近 6 年的努力，才终于把陶瓷薄板应用于高层建筑的梦想变成了现实。2012 年 11 月，数十位国内顶尖权威的建筑设计专家齐聚杭州，见证这座样板工程。而且在会议召开之际，杭州刚刚经历了 14 级台风“海葵”的考验，装修一新的杭州生物大厦安然无恙。其安全性得到了专家团队的充分肯定，薄板幕墙安全地挂上了 130 m 的高空。

这期间，2012 年住建部颁布了 JGJ/T 172—2012《建筑陶瓷薄板应用技术规程》，新规程增加了陶瓷薄板应用于幕墙干挂的相关内容，且不受高度限制，实现了陶瓷薄板在幕墙应用上有据可依，为陶瓷薄板在幕墙上使用铺平了道路。

杭州生物医药创业基地项目很快引发了业内关注，其轻质、色彩丰富、节能环保、施工便捷、造价低廉的特点得到专家们的一致好评，见图 2-17。很快，包头国际金融中心、长沙温德姆酒店、重庆地铁公司大厦等超高层项目纷纷采用陶瓷薄板作为幕墙材料，包头国际金融中心项目高度甚至达到 150 m，当时创造了陶瓷薄板在高层建筑幕墙领域创造的新高度，产品应用范围进一步扩大。

图2-17　陶瓷薄板幕墙代表工程——杭州生物医药创业基地

相关链接

《陶瓷板》标准的编制工作起始于2008年初，主要起草单位为咸阳陶瓷研究设计院、蒙娜丽莎和山东德惠来瓷板装饰有限公司。2009年3月9日，国标委发布公告，批准并发布了GB/T 23266—2009《陶瓷板》，并于2009年11月5日实施。

2008年，依据住建部的要求，由北京新型材料建筑设计研究院和蒙娜丽莎开始着手起草《建筑陶瓷薄板应用技术规程》，2009年住建部发布实施JGJ/T 172—2009《建筑陶瓷薄板应用技术规程》。后来该标准又经过修订，2012年3月5日住建部发布JGJ/T 172—2012《建筑陶瓷薄板应用技术规程》，于2012年8月1日施行。

2014年2月，由中国建筑标准设计研究院、广东蒙娜丽莎新型材料集团和北京金易格新能源科技有限公司主编的国家建筑标准设计参考图集《建筑陶瓷薄板和轻质陶瓷板工程应用　幕墙、装修》出版。

2. 优势显现，一个行业一个行业拓展

在幕墙应用得到专家肯定的同时，越来越多的下游企业发现薄板无论在节能环保还是施工上都很有优势。

重量轻，便于运输，单片面积大，只要熟练掌握施工技巧，施工速度非常快。在佛山海八路金融隧道，规格为1800 mm × 900 mm × 5.5 mm的陶瓷薄板，使用量达到23000 m^2，安装仅用了30天。正因为陶瓷薄板在佛山海八路金融隧道的成功运用，随后，南京市凤台南路隧道、佛山汾江路与华宝路隧道等工程相继使用陶瓷薄板作为隧道装饰材料，这为陶瓷薄板在隧道工程中的应用开拓出一条新路。

除了在隧道工程的开拓以外，陶瓷薄板在医院项目的应用中，也逐渐开辟出新蓝海。

医院装饰选材有别于其他公共建筑，不仅要考虑如何营造一个温馨和谐的内部空间环境，还要把安全、环保、洁净和节能的因素考虑进去，装饰效果也需要考虑就医者的心理和精神方面的因素。除此以外，“绿色医院”的理念逐渐得到更多人的认可，这也让医院在建设过程中使用的装饰材料，有了更多关于绿色、环保、节能等的要求。陶瓷薄板材料是一种绿色建材，而且具有优异的防潮、防火、防细菌、防腐蚀的产品功能，非常适合医院使用。短短几年，就有上百家医院使用蒙娜丽莎的薄板，图 2-18 为陶瓷薄板医院代表项目——宁夏人民医院。

图2-18　陶瓷薄板医院代表项目——宁夏人民医院

相关链接

杭州生物科技大厦

杭州生物科技大厦是中国第一幢采用大规格陶瓷薄板的单元式幕墙（框架式）建筑。幕墙使用的陶瓷薄板，它具备彩釉玻璃（非透明）的光亮明快、金属板材的轻质多彩，更具备天然石材的纹理。

杭州生物科技大厦矗立于钱塘江边，是外观呈圆柱形的三座超高层建筑，外墙为金属质感的灰色陶瓷面板，窗框为紫铜，紫铜的金色光泽漫反射于陶瓷面板，随着光线变化，从不同角度、不同距离，建筑立面呈现不同的色彩变化。

重庆地铁综合基地

重庆地铁大竹林综合基地，综合楼建筑面积63145.7 m^2，建筑总高约47 m，地上11层，项目建筑幕墙使用陶瓷薄板，使用量达50000 m^2。

综合楼按照国际领先水平的绿色建筑评价体系相关技术要求，从节能幕墙、地源热泵系统、智能照明以及再生能源利用等12个方面开展绿色建筑设计，力争打造具有国际先进水平的绿色建筑。

湖南长沙温德姆酒店

湖南长沙温德姆酒店按国际五星级标准规划建造，建筑面积达40000多 m^2，20层ARTDECO风格建筑，外观高耸挺拔、气势宏伟，是改变当地城市天际线的形象地标。

酒店建筑外墙非透明部分全部采用花岗岩陶瓷薄板产品，用量达23000 m^2。安装技术采用幕墙行业最为普遍的工厂化加工、现场干法作业，由于陶瓷薄板仅有石材1/4的重量、单块面积却达1.62 m^2，所以施工速度非常快，现场施工无任何粉尘产生，完全符合绿色建筑、绿色酒店的各项指标。

景德镇机场

景德镇机场整个建筑风格仿照中国青花瓷的形象以表达这个城市的文化底蕴，经过业主、设计师多方探讨，最后采用了陶瓷薄板在其表面个性化订制图案的形式实现。

港珠澳大桥

2018年开通的港珠澳大桥项目，作为施工建材供应商之一的蒙娜丽莎，用超100000 m^2 瓷砖铺就大桥珠海口岸的珠澳旅检楼、口岸办公区、珠海侧交通中心、交通连廊、市政配套区等多个区域。

3. 垂直拓展到全面开花

单个项目突破到行业垂直深耕，蒙娜丽莎逐渐将薄板的运用推广到更多的终端客户。

而且随着近年来瓷砖市场需求下滑，竞争日益激烈。越来越多的陶企在传统砖领域的研发与创新遭遇瓶颈，很难有大的突破。先行一步的蒙娜丽莎已经在薄板领域耕耘多年，越来越多的同行们开始将目光转向陶瓷板领域，纷纷介入陶瓷板的生产、设计、加工与应用，由此导致各类板材的市场份额快速攀升，与传统陶瓷砖的低迷震荡形成了鲜明的对比。除了部分实力较强的企业自建建筑陶瓷瓷板生产线外，还有大量中小型陶企或通过贴牌、或进口代理，大举进军陶瓷板领域。与此同时，陶瓷板的包装、运输、设计、加工、搬运、仓储、铺贴等也日渐成熟。

这也意味着新的竞争格局正在形成，但是蒙娜丽莎欢迎这样的格局，只有参与的企业多，市场上才会有更多的建筑企业、设计师、客户认可薄板、对于一个新品类来说，需要一个行业的集体改变。

蒙娜丽莎要不断创新，不断突破。

相比传统规格的陶瓷砖，陶瓷板的生产技术难度大、效率低、成本高。一条瓷片生产线，日产量可达 30000~50000 m^2，传统抛釉砖、仿古砖可达 10000~20000 m^2，而大板却只有几千平方米。这是导致陶瓷板成本高的重要原因之一。但是，陶瓷板性能卓越，可以说全面超越传统陶瓷砖。

装饰性能提升后，陶瓷薄板的应用空间又有了新的拓展。为了让陶瓷薄板的装饰性能更佳，改变早期只能生产纯色产品的局限，以蒙娜丽莎为代表的陶瓷薄板生产企业，进行了无数次的研发，终于解决了装饰印花的难题，产品表面从纯色发展到五颜六色，大大提升了陶瓷薄板的装饰性能。

不仅如此，通过技术创新，抛光、半抛光、施釉、微粉布料等工艺技术也开始用于陶瓷薄板的生产，并成功开发出仿木、仿石、仿玉等产品，让陶瓷薄板产品的装饰性能更强。在此基础上，作为中国陶瓷薄板的开创者，蒙娜丽莎提出了“瓷屋”的概念，产品可运用于房屋的任何地方，打造真正的陶瓷房屋，这意味着陶瓷薄板的应用空间大大拓宽。

这样，陶瓷板在装修、设计应用领域的空间效果，也远非传统陶瓷砖相媲美的。那种空间的整体感、延伸感，使传统陶瓷砖难以望其项背。

同时结合陶瓷薄板的市场应用，蒙娜丽莎与相关建筑设计单位携手完成了

《建筑陶瓷薄板薄法施工系统专刊图集》《陶瓷薄板建筑幕墙构造图集》，作为薄板应用的开拓者，引领着行业的发展。

最近几年，蒙娜丽莎联合设计师，面向普通消费者，深挖陶瓷薄板的应用场景，越来越多的普通消费者在室内装修上运用陶瓷薄板。

在室内装饰方面，陶瓷薄板相比传统陶瓷产品也具有明显的产品优势。在装饰应用上，陶瓷薄板花色品种逐渐丰富，传统陶瓷砖所具有的装饰功能，陶瓷薄板一样具有，产品完全能满足室内装饰的要求。在室内装饰中，陶瓷薄板“大”的优势也开始显现。产品可随意切割，且只需玻璃刀就能轻易实现不同规格、任何形状的切割，无论是大规格应用形成的大气一体化，还是小规格组合营造的花色多元化，陶瓷薄板均可实现，可为各类装饰空间提供更多时尚幻变的个性化装饰元素。

另外，陶瓷薄板“薄”的特点，对于建筑开发商而言，意味着陶瓷材料产生的建筑负荷同样下降 2/3，既提高建筑的安全负荷冗余，也为建筑陶瓷开辟出更广阔的运用空间。

同时，产品“瘦身”对于最终使用建筑陶瓷来装修家居的普通消费者来说，“瘦身”可以说是直接为他们节余出了宝贵的室内空间——以一套 120 m^2 建筑面积、层高 3 m 的三室一厅普通住宅为例，如果以陶瓷薄板替代普通瓷砖来装修其全部内表面，就至少能“变”出额外的 5 m^2 空间来，产品优势十分明显。

时至今日，陶瓷板早已成为行业的热销产品、标配产品，与传统陶瓷砖形成了市场占有率均等的市场局面，其成长速度远超传统陶瓷砖，甚至在产品品类方面也不断地延伸、扩张，从最初的陶瓷薄板，发展到现在的陶瓷大板、陶瓷中板、陶瓷岩板并驾齐驱的市场格局。

随着行业拓展的深入，蒙娜丽莎也逐步进行产品结构调整，逐步增加薄板比重。2015 年 12 月，公司一次性推出十多款新产品。当年，由于引进恒力泰 YP10000 吨压机，并对窑炉、釉线进行改造，2016 年 2 月推出 1200 mm × 2400 mm 薄板。2017 年 3 月，建成国内首条干压成型大规格陶瓷大板生产线。

2020 年下半年，蒙娜丽莎在西樵总部基地一次性建成了 3 条国际先进水平的特种高性能陶瓷大板生产线，让自己再一次牢牢站在国际陶瓷产业领跑者的前沿。

相关链接

蒙娜丽莎陶瓷薄板深圳体验馆开业

2015年9月14日，陶瓷行业首个薄板O2O线下体验店开业！在陶瓷薄板这个品类中先行先试的蒙娜丽莎，如今在电商领域又踏出了自己在陶瓷薄板领域的第一步。

该体验馆是全国首家陶瓷薄板体验店。蒙娜丽莎一直致力于推动陶瓷薄板在各个领域的应用，而O2O线下体验馆的开业，可让消费者在线下体验不同风格的魅力。蒙娜丽莎陶瓷薄板O2O线下体验馆还将为消费者提供设计、施工等服务。

蒙娜丽莎陶瓷薄板O2O线下体验馆面积超过1000 m^2。在如今的市场环境下，如此大的投入，也让乐康家居卖场方面敬佩不已。

蒙娜丽莎总部今年年初确定了以工程加零售合力进军互联网的方针。副董事长霍荣铨表示，电商是陶瓷行业无法忽视的趋势。但他同时认为，陶瓷行业中的先行者大多“折戟沉沙”，而蒙娜丽莎在进军电商的过程中则会避开先行者的覆辙，创建自有的绿屋网专用电商商城，立足于产品本身，深化、提升陶瓷薄板的性能，以互联网为桥梁，深化与消费者的沟通。而蒙娜丽莎陶瓷薄板O2O线下体验馆的开业，是一种与消费者直观、真切的沟通方式。此外，蒙娜丽莎还通过与设计师的合作，为消费者提供家居解决方案，实现线上线下完美结合。

陶瓷薄板在家装领域的应用，过去一直难以打开局面。在这个领域的开拓，设计师的作用相当重要，因此蒙娜丽莎请来了知名设计师陈飞杰，以及多位深圳设计师。蒙娜丽莎陶瓷薄板O2O线下体验馆，更是根据消费者实际需求推出了多个可一比一复制的样板间，体验感相当强。

（摘自2015年9月14日华夏陶瓷网报道）

4. 从产品走向服务

薄板的市场化过程，给蒙娜丽莎带来一个很大的收获。过去的产品迭代，往往是花色图案、装饰工艺的迭代，对于后端施工并没有太大影响。从砖到板的这个转折点上，是整个系统的改变，后端的施工和服务的改变，对企业的市场推广工作提出了新的要求。以此为契机，蒙娜丽莎开始将业务向下游延伸，从布局设计到安装服务。

2011 年，为加强陶瓷薄板的市场推广力度，板材事业部在总部二楼建成了陶瓷薄板展厅，受场地所限，不足 1000 m^2 的展厅内摆放了部分样品和施工应用系统。2014 年，板材事业部对陶瓷薄板科技应用中心进行了升级改造，可现场展示陶瓷薄板破坏强度试验，包括沙包撞击、直立摔地等试验，同时展出了干挂、湿贴、复合保温等多种应用场景的施工方法和系统，旨在展示薄板的应用前景，也体现蒙娜丽莎的服务能力。

2014 年 1 月，蒙娜丽莎成立广东绿屋建筑科技工程有限公司（简称“绿屋建科”），其功能包括陶瓷薄板的应用技术开发、建筑幕墙与外墙保温装饰一体化、住宅产业化标准化安装、室内墙地面装饰等绿色建筑及空间装饰一体化服务，绿屋建科是蒙娜丽莎陶瓷薄板的对外服务专业公司。

绿屋建科在团队组建、工程运营、技术开发、幕墙加工、项目服务等版块初步形成了专业的工程公司运营模式，团队已从最初的 10 人发展至现在由运营管理、技术总工、幕墙设计师、项目经理等专业人士组成的 30 人队伍。

绿屋建科与建筑行业相关企业全面展开战略合作。佛山季华路华宝隧道 / 汾江隧道、南庄汇博国际广场、佛山市禅城区商会大厦、佛山市禅城区太平洋保险大楼、佛山市宝索集团总部大楼等项目接踵而来，全年承接工程项目近十个，总供货面积超过 50000 m^2，承包业务包括陶瓷薄板幕墙、玻璃幕墙、门窗幕墙及相关配套工程。

绿屋建科全面开启房地产战略合作，碧桂园总部中心、花都绿地中心、越秀地产星汇云锦、西安万科金域华府等项目陆续开工；与房地产的合作由过去单一销售板材，转变为提供设计、材料、施工于一体的专业化整体解决方案。成立不到一年，绿屋建科就走出广东，成功拿下第一个陶瓷薄板外墙保温装饰一体化工程——山东省青岛海珍项目。

今天的绿屋建科已经发展成全球领先的陶瓷薄板绿色建筑装饰解决方案服务商。绿屋建科包括五大业务模块：陶瓷薄板应用技术、陶瓷薄板建筑幕墙、住宅产业化模块、室内墙地面装饰、外墙保温一体化，范围包括绿色商业建筑、绿色市政工程、绿色酒店工程、绿色家居空间、绿色工业地产、绿色住宅地产、绿色政务工程、节能环保工程等。

2017 年 12 月 25 日，距离蒙娜丽莎生产出第一片陶瓷薄板已经过去十年，中国陶瓷薄板应用技术中心在蒙娜丽莎落户揭牌。该项目总投资超过 3000 万元，总面积超过 3000 m^2，由中国陶瓷工业协会授权挂牌，是国内首家集陶瓷薄板发展史、陶瓷薄板产品及应用技术、建筑及家居空间体验于一体的综合性展示中心。这个技术中心所在的位置就是蒙娜丽莎的绿创园，这个绿创园用大空间、大场景，展示了陶瓷薄板的各类产品、系统技术、工程案例和施工方法。建成以来备受行业关注，参观人员络绎不绝，也让更多人看到了薄板广阔的应用前景。十多年来，蒙娜丽莎不仅在薄板的制造领域持续创新，在应用领域，也在不断拓展，正是这种在产业链上综合能力的提升，才确定了蒙娜丽莎在这一领域的引领地位。

2020 年 6 月 30 日，以“高定时代，大开‘岩’界”为主题的蒙娜丽莎岩板高定战略发布会在佛山西樵举行，图 2-19 为蒙娜丽莎举行岩板高定战略发布会。这是蒙娜丽莎及其全资子公司绿屋建科在家居高端定制方兴未艾之际，岩板产品进入白热化阶段所做的市场布局。

对于蒙娜丽莎来说，这不过是积累、沉淀两年之后，迎来的势能大爆发。时间回拨到 2016 年，蒙娜丽莎在推出 2400 mm × 1200 mm × 5.5 mm 规格的陶瓷薄板之时，就居安思危，提出岩板发展方向。

2019 年，趁着蒙娜丽莎 3600 mm × 1600 mm × 15.5 mm 超大规格岩板亮相广州建博会，并且在人民大会堂正式发布之机，建筑陶瓷行业首家全案设计中心——蒙娜丽莎岩板全案设计中心在福建水头落成并正式运营，其中一个目标就瞄准了大平层及别墅高端室内装修。

在市场激烈的竞争之下，蒙娜丽莎岩板的突围之路在何方？此时召开一场所谓的“高定”战略发布会，是否为盲目跟风？《中国新闻周刊》表示，经历过居家抗疫的老百姓，对“家”赋予了更深的情感，唤起了心中对亲情和家庭

图2-19　蒙娜丽莎举行岩板高定战略发布会

的珍惜，更加关注品质生活，在改善和提升居住环境方面有了更多的考虑。

入局高定领域之后，蒙娜丽莎岩板又如何继续保持领先优势呢?

集团副总裁刘一军在主题报告中指出，蒙娜丽莎岩板现有的特点，在抢占高定风口时占据优势。未来，还要解决高端消费者对环境、健康、更多个性化定制等方面的需求，结合蒙娜丽莎研究院的落成，将继续对产品进行创新迭代，计划推出远红外系列产品，同时推出1500 mm×1500 mm、860 mm×1400 mm、700 mm×1300 mm、800 mm×2000 mm等多种尺寸和厚度的产品，结合更高端的花色纹理，开拓蒙娜丽莎岩板新的高定应用。

蒙娜丽莎岩板自问世以来，就作为定制新物种，跨界进入大家居领域，凭借卓越的品质和美学效果，相继与欧派、金牌等知名家居定制品牌以及多家成品家具企业达成战略合作。

而最让行业人士刮目相看的是，2019年11月，蒙娜丽莎绿屋建科与华辉石业股份有限公司签署战略合作协议。这次打破“陶瓷”和“石材”圈层壁垒的举动，让行业人士看到，相互竞争的两种或更多产业开展跨界合作绝非不可能。

对此，绿屋建科总经理蒙政强发表见解："我们不是跟其他企业抢蛋糕，而是积极寻找合作伙伴，发现合作机会，把各自的优势聚集起来，形成互补，一起把市场做大做强。在开拓高定领域市场时，更是如此。"

结语

创新是蒙娜丽莎质量管理模式形成的内在动力。产品创新对蒙娜丽莎的意义不止于市场竞争的优势，更为重要的是在产品创新的过程中，企业积累了属于自己的创新能力，形成了一整套创新的理念、工具和方法。蒙娜丽莎的产品创新，在很大程度上是市场驱使和主观的追求，能够取得一些成效的原因在于立足自身，积极拓展创新平台，不仅包括与各种研究机构合作，更包括与整个产业链协同创新。这是蒙娜丽莎这样体量的企业，在实践中摸索出来的创新路径，也是上下游产业协同发展的红利使然，可能也是很多类似规模中国企业实现创新的有效方法。

陶瓷薄板的创新、推广，使蒙娜丽莎体会到了企业创新的艰难，特别是这样跨时代的产品升级换代，不仅要求企业懂产品，更要求企业懂市场、懂应用。十年磨砺，为企业质量管理模式的形成积累了宝贵的财富，提供了经验、方法和理念，让企业对质量的理解更为深刻，视野更为广阔。

以产品创新联动营销创新，而与之同步提升的还有企业的制造能力。这都是驱动蒙娜丽莎质量管理模式运行的飞轮。

第三章

智能，加速制造升级

CHAPTER 3

和很多行业一样，我国建筑陶瓷产业在经过了改革开放初期的高速增长后，很快就出现产能过剩。据统计，1978 年，全国生产建筑卫生陶瓷的企业有 44 家，其中重点企业 13 家，职工人数为 1.5 万人。从 1984 年开始建筑陶瓷产业迅速发展，在短短的三年内，全国引进的生产线达 60 多条，仅仅用了 10 年，到 1993 年，我国建筑陶瓷总产量就一直稳居世界第一，2009 年，我国人均建筑陶瓷产量也位居世界首位。行业扩张速度之快，举世瞩目，也是“中国速度”的一个折射。伴生的产能过剩现象，特别是低端产品产能过剩现象，长期存在。甚至很长一段时间内，人们谈建筑陶瓷产业就会联想到低端、劣质。

蒙娜丽莎成立时，已经面临着行业重复建设、低端竞争严重的局面，这种发展路径的局限开始显现，所以从成立之日起，蒙娜丽莎就坚定不移地相信，只有高质量产品才能赢得市场，实现企业长期发展的战略。

今天，蒙娜丽莎正在逐步实现智能制造，但这样的制造能力是一步步积累而来的。智能制造不仅仅是设备，它实际是企业的制造理念、管理理念、管理方法、工艺技术通过先进的设备来实现。智能背后，是企业对制造的理解和经验总结，可以说，支撑今天蒙娜丽莎智能制造的是企业持续多年的管理提升。

但是和众多中小企业一样，蒙娜丽莎制造能力的提升，是一个逐步发展的过程，其中有资金的压力、人才的培养、质量方法的学习等种种问题需要解决。蒙娜丽莎始终秉承工匠精神，在市场经济的环境中不断创新产品，并在产品创新的引领下一步步实现制造能力提升、产品质量提升，不断采用新技术、新设备、新的管理方法，推行智能制造，规范企业质量管理，走以质取胜的发展道路。

第一节 市场经济下的工匠精神

中国的瓷器制造在漫长的历史中，长期走在世界的前列。它曾代表了世界上最先进的工艺，形成了当时最复杂的、系统的分工体系。其中蕴含的追求极致、追求精致、专注，乃至注重合作的职业精神，是中国工匠精神形成的重要来源。

现代工业下的建筑陶瓷企业，采用的生产方法、面对的工作环境都发生了巨大的变化，然而陶瓷行业传统的工匠精神还是给了蒙娜丽莎丰富的滋养，见图 3–1。特别是在质量管理中，这种工匠精神，在市场经济下，在现代工艺条件下，继承传统，又不断丰富，成为企业追求质量道路上的精神底色。

图3–1　每一片瓷砖都要经过严格的质检

一、不论行业冷暖，始终专注如一

建筑陶瓷行业本身就是十分辛苦的行业，受原材料影响大，受人工成本影响大，各种环保政策也会对行业发展走向产生影响。蒙娜丽莎成立的几十年间，也不可避免地要面对行业发展周期的变化。但无论外在环境如何变化，蒙娜丽莎始终对品质保持不变的追求。

2004 年前后，全国范围内出现能源紧张，燃油价格疯涨。陶瓷厂的能耗普遍以窑炉为主，油价上涨，意味着巨大的成本压力。市场上以次充好的燃油很多，为了降低成本，以次充好能缓解现金压力，但是劣质油品也会造成生产波动，影响产品质量。意识到这一点，蒙娜丽莎在那段时间坚持购买高品质的燃油。2008 年前后，整个行业低迷，出口量大幅下降，环保压力巨大，蒙娜丽莎在这样的市场环境中，坚持创新，坚持保证质量。这样的坚持，当更大的挑战来临时，我们的品质、品牌已经让我们有能力应对。近年来，行业发展遭遇的挑战更大，例如，在国际贸易领域，据国家统计局数据，2016 年佛山陶瓷产品出口总额 182.67 亿元，相比 2015 年的 260.28 亿元，减少 77.61 亿元，降幅达 29%。2017 年更是创出口额新低，仅 177 亿元。部分品牌企业的销售额也同比下降，陶瓷行业的低迷比 2008 年金融危机时更甚。国外对华瓷砖反倾销调查此起彼伏，据专业人士介绍，目前有近 40 个国家对我国陶瓷产品出口进行反倾销调查，从发达国家到发展中国家，中国陶瓷出口屡遭反倾销冲击。仅 2017 年以来，就有印度、阿根廷、巴基斯坦等国对我国陶瓷行业发起反倾销调查或反倾销仲裁。

相关链接

沙特阿拉伯多年来一直是世界瓷砖消费前十强之一，且由于其本土产量低，瓷砖高度依赖进口，是仅次于美国的世界第二大瓷砖进口国。沙特阿拉伯是中国瓷砖出口的重要市场之一，2013 年至 2016 年，中国是沙特最大的瓷砖进口来源地。2013 年中国出口陶瓷砖产品到沙特的总金额为 6.3 亿美元，同比增长 45%。但是这一数据却在极速下滑，2017 年印度反超中国成为沙特最大的瓷砖进口来源地。这一年，印度出口至沙特的瓷砖总额达 2.15 亿美元，而中国仅为 1.22 亿美元（同比 2016 年的 2.21 亿美元，下滑 81.15%）。

但无论行业周期怎样波动，蒙娜丽莎从来没有动摇过坚守这个行业的决心，从未放弃过那种追求品质的工匠之心。

蒙娜丽莎发展过程中，遇到的挑战还不仅是外部环境的周期，还有民营企业成长过程中的各种问题。在面对这些问题的过程中，蒙娜丽莎迎难而上，用行动解决问题，也在这个过程中，提高了企业的管理水平。

刚刚转制成功后，蒙娜丽莎就遭遇了西樵镇有记录以来最大的一次洪水，整个樵东陶瓷厂区差点被淹没，光是抗洪抢险前后就用了一个月。洪灾过后，满目疮痍。刚刚转制成功的蒙娜丽莎压力重重，但这并没有动摇蒙娜丽莎的创业热情，十多天的时间，企业迅速恢复生产。很快公司发展进入轨道。

2003 年前后，经过几年的快速成长后，蒙娜丽莎的发展进入了徘徊期。行业经过几年高速成长，很多企业开始做出不同的选择，有的企业挣到第一桶金后，开始盲目扩张，有的开始多元经营，对于还在一心一意做瓷砖的蒙娜丽莎来说，遇到很多诱惑，也有很多迷茫：这个行业是否还能继续保持增长？增长的方向在哪里？彼时，蒙娜丽莎内部管理团队也出现了成立以来第一次分歧，也是唯一一次分歧。一部分管理团队选择离开，公司内部出现了对企业发展方向的不同看法。董事长萧华重新整合企业，对内稳定军心，重建管理队伍。在公司员工大会上，萧华朴实而真诚的讲话、诚挚而又坚决的表态很快稳定了团队、安抚了人心，使公司上下形成了强有力的凝聚力和战斗力。在安抚好内部员工后，萧华又及时与广大经销商、供应商进行密切沟通，对供应商的承诺，无论多么艰难仍会一律兑现。一系列超凡的举措实施后，大大激励和鼓舞了利益各方的信心，赢得了他们对蒙娜丽莎的信任，厂商合作共赢的关系更加密切了。

对于管理团队，萧华强调两条铁律：一是公司股东及高层管理人员不能有亲属在樵东工作，原有的适当给予补贴，限期辞退；二是股东和高层管理人员不得作为公司的供应商进行业务合作。

而公司的发展方向并没有改变，公司一如既往地深耕建筑陶瓷行业，并不因行业起落而改变，公司专注品质，以高质量、高附加值的产品赢得市场。到 2004 年，蒙娜丽莎的业绩不但没有出现人们想象的悲观结果，反而还实现了同比增长 40% 的佳绩。直至今日，蒙娜丽莎在发展中无论遇到怎样的困难，依旧不忘创业的初衷，始终保持着对这一行业的尊重和深厚的感情。

这就是蒙娜丽莎作为企业的一种工匠精神。对于个人来说，专注就是内心笃定而着眼于细节的耐心、执着、坚持的精神，这是一切“大国工匠”所必须具备的精神特质。从中外实践经验来看，工匠精神都意味着一种执着，即一种几十年如一日的坚持与韧性。对于蒙娜丽莎来说，着眼企业长期发展，不为困难所动，不为短期利益所引，就是一种工匠精神，唯有心中有这种坚持和专注，蒙娜丽莎才能坚持在质量上投入，在创新上投入，在环保上投入，表 3–1 为公司资源投入，图 3–2 为公司原料制备系统。通过科研开发、技术进步、产品迭代、价值创新，为消费者提供质量更可靠、设计更美观、体验更美好的产品，而不是通过扩大规模、粗制滥造、降低成本来实现企业利润的最大化。

表3–1　公司资源投入

资金投入内容	2016年投入金额（万元）
研究开发	5118.17
设备技改升级	8372
员工质量内部培训	84.29
外部培训	60.23
合计	13634.69

图3–2　公司原料制备系统

正是作为企业有这样一种坚持，才能培养出具有工匠精神的个体，这是市场经济环境下，工匠精神的一种发展。

二、敬业乐群，传承文化

蒙娜丽莎追求的工匠精神，蕴含着每个员工的专注、每个员工的敬业。敬业是中国人的传统美德，也是当今社会主义核心价值观的基本要求之一。只有每一个岗位的员工敬业，才会有高质量的产品和服务。

蒙娜丽莎的员工队伍在同行中是相对稳定的。蒙娜丽莎的管理，看上去也是同行中较为“宽松”的。蒙娜丽莎有着严格的管理制度，但是很少辞退或者开除员工，更鲜有大规模裁员的情况。这一点和行业内很多同行有很大区别。这个行业内，不少企业订单好的时候就大量招聘，行业低谷就大幅裁员。蒙娜丽莎一直认为这样的模式不是一家想实现持续发展的企业应有的做法，因此很早就把员工作为公司的重要资产来看待，重视对员工的培养，公司对违反管理制度的员工会进行批评、教育，甚至处罚，但是更愿意给员工改正的机会。对于不能胜任工作的管理岗管理人员，公司也是以人为本，或是培训，或是尽量将他们换岗，调整到能够胜任的岗位上去，而不是简单辞退了事。随着公司的壮大，早期的老员工开始面临退休的问题。每年春节放假前的春节酒会上，公司都会有一个重要环节，就是为当年退休的员工颁发荣誉证书，感谢他们在蒙娜丽莎的付出。这样的管理风格，让企业充满了人情味，也让企业的文化能够传承。

很多管理人员也坦言，或许蒙娜丽莎在同行中收入不是最高的，可是如果真的去了那样挣快钱的公司，从长远看就更好么？而且随着时间的推移，蒙娜丽莎的发展越来越好，让员工有了归属感和信心。

一个企业有坚守一个行业的长期战略，员工们爱岗敬业才因此有了方向和盼头。今天的建筑陶瓷行业和传统的陶瓷行业已经有了很大不同，传统陶瓷工匠追求的那些技能，比如线条的勾画，比如器型的精确控制，在今天的建筑陶瓷生产线上已经渐渐退去。取而代之的是对生产工序、生产过程的过程控制，是在整个生产体系之下，对每一道工序的品质的追求。它包含了对自己岗位的责任，还包含了对上下工序的责任，乃至与供应商一同提高品质的责任。

这样的工匠精神如何传承？这种传承显然不是血脉传承或教学传承，而是一种企业制度、企业文化的构建和执行。

为了深耕行业，蒙娜丽莎不吝投入力气培养员工，不仅如此，我们还通过多种手段把企业的制度落地，把企业的文化传递到更广泛的领域，表 3-2 为企业文化传递方式。

表3-2　企业文化传递方式

传递对象	传递方式
内部员工	● 《企业经营理念手册》《员工守则》等培训、学习； ● 班前班后会、质量分析会、生产计划会； ● 生产车间、班级质量展板展示、质量激励公告； ● QC小组成果发布、质量小组活动公示； ● 官网、内部OA网、报纸、微博、微信公众号常年不断进行质量文化教育，传播质量理念，分享质量案例，增强质量意识
供应商、合作伙伴	● 网站、官方微博、微信、宣传片、宣传册、广告片、企业报； ● 供应商现场评审； ● 重点项目合作研发，成果鉴定
顾客	● 网站、官方微博、微信、宣传片、宣传册、广告片、企业报； ● 专业展会、巡回性培训会、推介会、技术交流会、新产品发布会； ● 重点工程、样板工程现场观摩交流会； ● 参观总部体验馆、生产线； ● 客户满意度调查
社会	● 网站、官方微博、微信、宣传片、宣传册、广告片、企业报； ● 行业标准的制定/修订； ● 工业旅游、总部体验、生产线参观； ● 行业论坛、公益活动、媒体宣传； ● 发布社会责任报告

相关链接

专注做好每一件事方无悔年华

工匠印记

从 1983 年至今，潘利敏致力于陶瓷行业技术创新研发，先后被授予南海区优秀科技工作者、佛山市先进劳动者、“十一五”轻工业科技创新先进个人等称号，参与完成的多个项目分别获得广东省科学技术二等奖、中国轻工业联合会科学技术进步一等奖、佛山市科学技术一等奖等荣誉，并曾获得全国建材行业技术革新一等奖。

1992年，从“瓷都”景德镇走出来的潘利敏，带着对产品创新和质量的追求，进入蒙娜丽莎。他的目标，就是制造出优等建筑陶瓷，以美和工艺为各类建筑“穿上”优质外衣，创造美好生活。带着这个目标，入行34年的潘利敏始终肯专注、敢冒险。

自我标准比国标、企标更严格

研发出最佳的工艺配方，装备国内外最先进的制作器械，在潘利敏看来，还要加上对质量的严格把关，才能生产出优质产品。“质量是企业的生命。”他认为，只有不断制造优等产品，才能为市场和消费者所接受。这才是企业立足之本。

不放过毫厘误差是陶瓷人的真实写照。初到蒙娜丽莎，潘利敏曾遭遇过连续数批陶瓷产品出现陶瓷砖二次变形翘高的问题。二次变形，意味着陶瓷砖因内外温差出现了应力释放不均。当时的误差超出了国家标准0.1 mm，与更为严苛的蒙娜丽莎内控标准相差更大。在蒙娜丽莎，超标0.1 mm都必须降级成为处理品，不允许流入市场。

“生产上出了问题没有很好地解决，完全没有心情回家。”为了解决问题，离家只有9 km的潘利敏一周没有回家，不停找老师请教，与同事和团队开会沟通。在反复试验解决方案50多次后，问题终于得以解决。

作为企业研发中心带头人，潘利敏也有一套“个人标准”。“每研发一个产品，首先定框设限，自己要制定标准，生产过程中追求极致和完美，就算一些不影响使用功能、消费者不易察觉的缺陷，也要‘pass’掉。”

把每一个产品做到极致

已站在行业前沿的蒙娜丽莎依然坚持每年组织生产、研发、销售等多个部门团队到北美考察市场，到意大利考察国际最新产品，到西班牙参观最新设计潮流。这些学习之旅，潘利敏很少缺席。他像海绵，孜孜不倦地渴求吸纳行业最新知识，直到自己引领行业动向。

在蒙娜丽莎众多产品中，微粉砖以制作工艺复杂著称。它出自潘利敏所带领的研发团队。微粉砖有两层，底层为颗粒状，使用一组配方，底层之上为表层，呈多色粉末状，每一种颜色使用一组配方。

为了实现在陶瓷板表面形成丰富图案，潘利敏带领研发人员不断尝试。从第一次试验失败开始，连续加班反复试验 10~20 次，每一次都长达 20 多个小时，潘利敏却乐在其中。“成功的产品来自每一次的失败和风险，而一次的成功，那种喜悦难以言表。”如今，微粉砖成为蒙娜丽莎市场认可度高、生命力最为持久的产品之一。

从业 34 年，潘利敏并不后悔将一辈子最辉煌、精力最旺盛的时间只用在一件事上。在他看来，专心、专注和坚持恰恰是工匠精神的内涵。

现今，潘利敏每年负责 20 多个研发项目。他作为主要完成人参与完成的项目“陶瓷薄板工程技术研发及产业化”获得中国轻工业联合会科学技术进步一等奖。“干出一些成绩后，必须坚持，要虚心，不断学习和接受新事物，把每个产品做到极致。”

（摘自 2017 年 6 月 16 日《佛山日报》）

三、自我突破，创新工匠精神

蒙娜丽莎追求高品质的工匠精神，还包含一种追求极致的态度。

“术业有专攻”，选定了一个行业，大家就一门心思扎根下去，心无旁骛，在一个细分产品上不断积累优势，在这个领域成为“领头羊”。在古代，这是“艺痴者技必良”，如《庄子》中记载的游刃有余的“庖丁解牛”、《核舟记》中记载的奇巧人王叔远等。

在新的语境下，是从业者对每件产品、每道工序都凝神聚力、精益求精、追求极致的职业品质，这种突破是一种自我突破的意识。

早期瓷砖企业常见的质量问题是尺寸偏差大，破坏强度和断裂模数低，吸水率与明示不一致等，想要胜出就在这些细节里，虽然还没有丰富的质量控制经验，蒙娜丽莎相信在每个环节把关，不偷工减料，事情做得更细致、更严格，就可以大幅减少这些质量问题。

随着客户要求的提高，市场要求更多、更新、更美的产品，质量管理也进入了新的发展阶段。这时的追求极致的工匠精神还包含了更多的技术创新，更多的自我突破。蒙娜丽莎也用丰厚的创新成果践行了这种精神。

为了把这种追求极致、自我突破的精神内化为每一个员工的日常行为，蒙娜丽莎在21世纪初就开始在佛山、清远两个生产基地全面启动“6S”管理，即在整理、整顿、清扫、清洁、素养“5S”的基础上再加上一个“S”，也就是安全生产。比如在生产车间里，平时不需要用的东西，不能随便堆放在那里，需要放在指定的地点，扫把、拖把这些工具要尽可能放置在固定的位置，员工的凳子全部统一高度，不坐的时候，放回到指定的摆放点等，这些细节的严格执行，最终可以提高工作效率、美化工作环境。

2015年底，蒙娜丽莎先后获得佛山市、广东省政府质量奖，2017年获得中国质量奖提名奖。从2013年第一届中国质量奖评选开始至2017年第三届中国质量奖，蒙娜丽莎是全国建筑卫生陶瓷行业唯一获此殊荣的企业，也是全国数千家建筑卫生陶瓷企业当中唯一同时获得市、省、国家质量奖的企业，可以说，这是“工匠精神”最好的诠释。

在陶瓷行业的寒冬里，蒙娜丽莎一路逆势增长，或许也是这种工匠精神的价值所在。

相关链接

2016年6月，佛山市召开最高规格会议，为30位默默奋战在各行各业的能工巧匠授予“佛山·大城工匠”的称号，大力弘扬专注手艺、敢于创新、精益求精、追求卓越的工匠文化，在全社会倡导工匠精神、崇尚工匠精神、培育工匠精神，并将工匠精神作为对标世界制造强国的关键。

蒙娜丽莎副总裁、首席质量官刘一军获首届“佛山·大城工匠”称号。

第二节　产品升级，质量升级

建筑陶瓷行业整体产品质量的提升有一个过程。改革开放初期，建筑陶瓷行业积累了多年的市场需求一下释放，瓷砖生产出来供不应求，那时候只要关心效率就可以，甚至一些不能出口的瑕疵品，也有很多人买。而且当时国内消费者的消费能力还不高，消费者对价格相当敏感。很多企业为了降低成本、降低价格，忽视产品质量。但整个行业的恶性竞争，必然会催生一些企业探索另一种发展路径，以质取胜。另外，瓷砖这种产品，一般消费者判断其质量只依靠测量尺寸、观察平滑度、看看是否有裂纹等比较简单的方法，在没有专业的质量检测的情况下，普通消费者通常要使用一段时间才能判断其质量情况。因为这种信息不对称，很多瓷砖生产企业会觉得做一锤子买卖也很划算，对产品质量的要求容易放松。可是有长期发展战略的企业不会只看到一锤子买卖。并且，产业发展过程中，建筑陶瓷相关的行业标准在逐步完善，整个行业的质量水平开始提升。

随着行业产能的快速上升，市场很快饱和，消费者的收入伴随着改革开放的深入而不断提高，对产品质量的要求越来越高；与此同时，建筑陶瓷企业开始拓展海外市场，参与国际竞争，也需要高质量的产品。越来越多的建筑陶瓷企业认识到质量的重要性。

蒙娜丽莎对行业发展趋势十分敏感。大家一致认为，追求质量，不仅是行业趋势，更是企业长期发展的基础。追求高质量，有很多内生动力。建筑陶瓷

图3-3　工作人员记录窑炉运行参数

竞争激烈，只有不断推出有新意的产品，不断实现产品的升级迭代，才能不断吸引消费者的注意力。在研发制造新产品的过程中，我们深切感受到，没有高质量的过程管理，也就无法生产出符合市场需要的创新产品。

可以说，正是蒙娜丽莎的新产品迭代，极大地促进了企业质量管理的迭代升级。也可以说，越是附加值高的产品，越是需要更加严格的质量管理。市场的牵引力，在蒙娜丽莎质量提升的过程中清晰可见：市场牵引创新，创新牵引产品质量、服务质量乃至整个公司的运营管理质量，图 3–3 为工作人员记录窑炉运行参数。

一、“星期天工程师”普及质量管理知识

1992 年，蒙娜丽莎的前身樵东陶瓷厂成立时，佛山南庄乃至周边一带的乡镇在几年之内就建成了数百条大规模的建筑陶瓷生产线。镇比镇、村比村、集体学国企、私企赶集体，大家互相学习、互相模仿，企业相似，生产模式相似，樵东陶瓷厂就是在此环境下建立的。樵东陶瓷厂最早的产品是 300 mm × 300 mm 规格的彩釉砖，后来通过推出水晶砖一跃成为行业新秀。

打响头炮的水晶砖，其釉面、色差较难控制，分级检验很困难，也因此从建厂开始，蒙娜丽莎就对产品的质量控制有着更高的要求。建厂初期，人才匮乏，佛山各乡镇又快速形成了模式相似、产业高度集中的企业群体。对质量管理的学习，靠摸索、靠互相借鉴。当时原佛陶集团的技术人员成了“香饽饽”，曾经的佛陶集团，在全国都是数一数二的企业，在建筑陶瓷产业的工业化过程中，他们走在了前列，我国最早引进的现代化生产线，就有好几条都落户佛陶。

因此，佛陶的技术人员十分受欢迎。改革开放后，他们有的被高薪聘请到新建企业的重要岗位，有的则利用业余时间到新建的建筑陶瓷企业中指导，把先进的生产和品控技术知识普及开来。这样一群技术人员被称作“星期天工程师”。这是我国改革开放初期，国营老厂技术能力“溢出”给民营企业带来的好处。

蒙娜丽莎成立初期也和其他企业一样，在向其他企业学习的过程中，慢慢摸索，也请原来国营厂的“星期天工程师”来做技术服务，就这样一步步建立起自己的质量管理方法。

蒙娜丽莎推出水晶砖时，在同行业中走在了前面，当时有很多技术难题需

要解决，原料、素烧、施釉直至烧成等各个环节都曾出现问题。蒙娜丽莎一方面不断完善工艺，另一方面通过设立大量的检验人员，专职负责产品检验。经过培训，依靠经验和标准进行把关，从成品中把废品、次品挑出来，确保销售产品的质量。当时检验的方法也比较简单，一把尺子、一双眼睛就成了最重要的检测工具。

即便是这样最简单的检测工具，由于蒙娜丽莎把产品质量当作信誉来看，这种“事后把关”的方法，作为最后一道防线，在蒙娜丽莎早期的发展过程中，也起到了十分重要的作用。

二、创新“雪花白”，逐步实现全面质量管理

短短几年间，佛山的民营陶瓷企业迅速壮大，成为全国建筑陶瓷行业的中坚力量。1999年蒙娜丽莎推出经典产品“雪花白”，开创了国内超白产品的先河，引发了行业的白色风暴，进一步提升了品牌在全国范围内的影响力。

对于蒙娜丽莎来说，这款产品的成功不仅带来了丰厚的市场回报，既而提高了公司的研发水平，更为重要的是，这样的产品创新是蒙娜丽莎质量管理提升的内在动力。

蒙娜丽莎的质量管理也在此过程中，进入到重统计、重测量、重过程的质量管理阶段。“雪花白”对原材料要求高，无论是原始石料，还是价格高昂的进口釉料，成本投入更大，加工工序更多，工艺更为复杂。如果没有严格的质量控制，很难提高产品合格率，而居高不下的次品率就是最大的浪费。

在市场竞争的压力下，要生产这种高技术含量、高成本的产品，把质量管理放到过程中，无疑是最有效的。

因此，从雪花白这款产品开始，蒙娜丽莎逐步认识到过程管理的重要性，通过对工序质量控制，及时发现生产过程中的异常情况，确定缺陷的原因，迅速采取对策，把事后把关转变为事前把关，广泛应用统计的思考方法和检验方法，确保质量的提升。从验收、配料、球磨、造粒、烧成等多道工序配置了大量工序检测人员，建立大量工序检测标准，在过程中检验并修正错误，确保最终产品的质量。另外，对缺陷进行更细致的分类，划分缺陷的归属，明确缺陷责任方，一步步往全面质量管理发展。

三、新品越多，管理越规范

回顾蒙娜丽莎质量管理提升的过程，有一个清晰的路径，就是质量管理跟着工艺走、工艺跟着产品走、产品跟着市场走。

在雪花白诞生后的几年内，蒙娜丽莎陆续推出“蓝田玉石”“罗马宝石”等多种产品，产品在国内外都销售良好。随着产量的增加和产品种类的丰富，销售渠道迅速增多，从研发到生产到销售，越来越多的管理环节需要提升。

1999 年，公司开始贯彻并实施 ISO 9000 质量管理体系，质量管理水平进一步提高。但是建筑陶瓷行业也有很多特殊性，比如原材料较难标准化，品质的评价方面各个企业有自己的标准，甚至每个师傅有每个师傅的眼光；各种原材料命名在业内也很不统一，有时候同一种原材料，供应商卖给不同地区的企业时起的名字都不同，更不要说建立完备的评价标准了。在这个竞争激烈、企业数量巨大的行业里，各种现象层出不穷。这样的标准能否在企业得到很好的落实，不仅是一个企业的问题，很多是行业共性问题。

在执行标准的过程中，公司上下遇到很多困难。但是国际标准中蕴含的质量管理的思想却深深留在了公司的管理基因里。“拼经验”的想法慢慢被“拼规范”“拼标准”的想法替代。如何检验原材料，如何对原料的工艺性能进行小试、中试，如何稳定技术参数，公司渐渐积累起自己的技术文件、企业标准，成为质量管理的基石。就这样蒙娜丽莎逐步建立起一套相对完整的质量管控体系。

2003 年，蒙娜丽莎提出了企业使命：美化建筑与生活空间，为员工、客户和社会创造更大的价值。

这期间，公司开始接触更多的质量管理方法，而且把目光放到了其他行业。当时蒙娜丽莎派人到中烟摩迪（江门）纸业有限公司学习，对方的精益生产管理给蒙娜丽莎的管理人员留下了深刻的印象。建筑陶瓷行业的管理，能不能像其他行业一样更加精细？建筑陶瓷企业的车间能不能像其他行业的车间？建筑陶瓷行业能不能像其他行业一样，积累越来越丰富的数据？

带着这样的目标，蒙娜丽莎开始从一点一滴做起，图 3–4 为蒙娜丽莎质量架构图，图 3–5 为全国轻工业质量管理小组活动优秀企业证书。

全面开展精益生产管理，以全组织的质量管理和多方法的质量管理，为实现质量目标，不断学习、不断改进业务流程和工作方法，不断提高组织成员的质量意识和质量技能。

在 2003 年开始，建立了丰富的 QC 小组活动，通过全员参与，解决了众多的难题。公司还尝试六西格玛管理，建立了质量分析委员会，持续开发和交付近乎零缺陷的产品，实现利润和收益的突破。

公司还全面引入 6S 管理，做好日常管理，使员工养成认真规范的好习惯，提高劳动效率，从而提高员工的满意度和企业的品牌形象，打造使消费者信任的高质量的品牌。公司专门制定了考核方案，将全公司所有生产场所（不留死角）按一定方法分成不同类别的几十个考核区域，分区考核 6S 执行情况。还制定了办公室及生产车间现场 6S 管理标准模板，在公司上下推广。

对于先进的质量管理方法，蒙娜丽莎始终抱着开放的心态，因为越来越激烈的市场竞争，只有高品质的产品才能站稳脚跟，才能给企业带来持续增长的

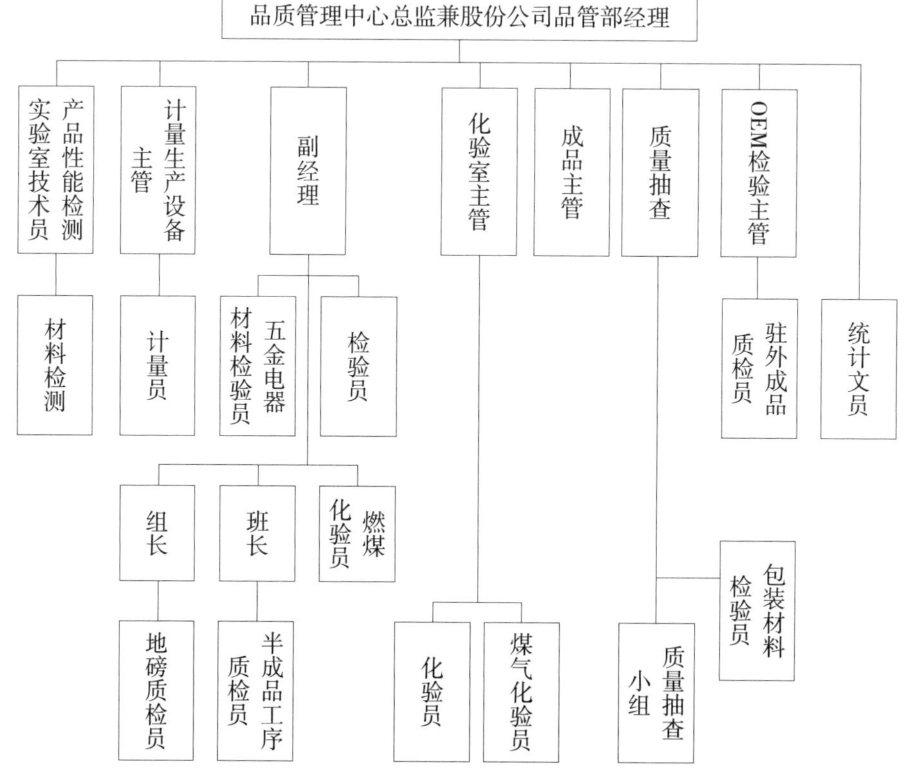

图3-4 蒙娜丽莎质量架构图

利润，这在蒙娜丽莎是一个十分朴素的道理。

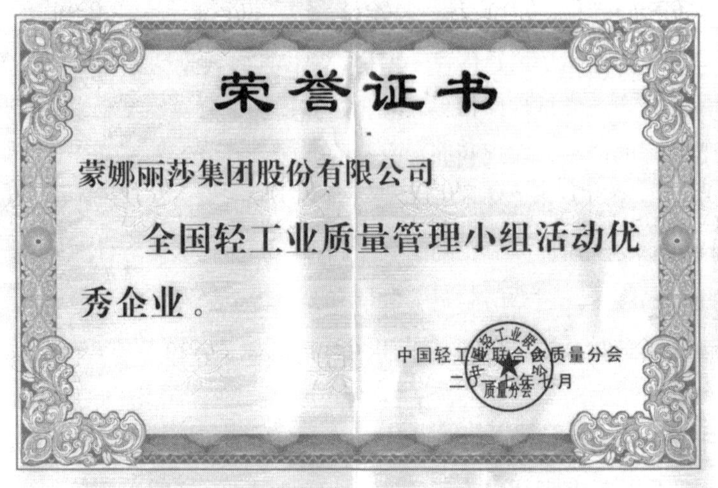

荣誉证书

蒙娜丽莎集团股份有限公司

全国轻工业质量管理小组活动优秀企业。

中国轻工业联合会质量分会

二〇一七年七月

图3-5　全国轻工业质量管理小组活动优秀企业证书

四、薄板，从零开始制定标准

2007 年，蒙娜丽莎推出新型大规格建筑陶瓷薄板，获得“十一五”国家科技支撑计划支持，进一步提升了蒙娜丽莎在行业中的地位，这一轮产品升级换代是跨越式的，对蒙娜丽莎质量管理的考验也是跨越式的。也是因为公司创新研发陶瓷薄板，让我们对标准有了更深入的理解。

1. 制定标准，提升管理水平

过去的产品创新，有的虽然没有特别精准的质量管理标准，但是有很多可参考的经验。从薄板的研发到试制、量产，蒙娜丽莎遭遇的挑战前所未有。每一步都有全新的问题需要解决，譬如瓷砖检测过程中的一个重要性能，断裂模数的测量，全世界都不存在可以检测 900 mm × 1800 mm 这么大规格的设备，同时由于厚度薄（5.5 mm），断裂模数比传统陶瓷砖要大很多，是按照陶瓷砖的标准继续执行，还是设立一个更高的标准，都是需要解决的问题。

对于质量管理来说，不仅要关注研发，还要对整个生产流程、业务管理进行全盘考虑，才能保证量产质量的稳定。带着这样的全局观，蒙娜丽莎在薄板的研发中体会到了数据的价值，每一步都必须有精确的记录。因为它不仅蕴含了创新，也为后来蒙娜丽莎能够在薄板相关国家标准制定中的数据支持打下坚实基础。从研发到量产，蒙娜丽莎积累起薄板完整的质量计划、质量标准，在产品量产方面也走在了整个行业的前列，从而确定了行业引领地位。这些对于蒙娜丽莎后来的产品升级迭代，也积累了能力。

蒙娜丽莎在2005年正式加入国家标准化管理委员会下属分支全国建筑卫生陶瓷标准化技术委员会（SAC/TC 249），并成为该委员会的副主任委员单位。这为企业带来了两个方面的收获。

一方面，通过参加全国建筑卫生陶瓷标准化技术委员会的系列活动，公司内部也不断建立完善了2900多项企业内控标准，使公司的生产、销售服务完全标准化，公司的质量管理正式进入了一个标准化的时代，产品质量、服务质量达到了行业甚至国际领先水平。

另一方面，公司依靠自身的研发能力和制造服务能力，参与到相关标准的编制中。加入TC 249后，企业共参与制定、修订、审核建筑陶瓷国家标准、行业标准、团体标准30多项，其中2009年参与起草了GB/T 23266—2009《陶瓷板》，2013年负责起草JC/T 2195—2013《薄型陶瓷砖》，上述两项标准的制定为陶瓷行业产品薄型化发展做出了较大贡献，引领陶瓷行业向薄型化、节约资源和能源、减少环境污染方向发展，因此上述两项标准分别获得中国标准创新贡献奖三等奖和二等奖。同时，以上述两项标准为蓝本，公司参加国际标准化组织ISO/TC 189制定《陶瓷薄砖（板）》国际标准，在国际市场取得了话语权。

蒙娜丽莎是SAC/TC 249建筑陶瓷行业唯一副主任单位，ISO/TC 189WG4工作组专家之一。蒙娜丽莎先后获得国家建筑材料行业科技进步一等奖、国家重点新产品奖、国家专利优秀奖、全国质量诚信标杆典型企业、中国标准化创新贡献奖等称号。2015年获得了广东省、佛山市两级政府质量奖。董事长萧华获得中国建筑卫生陶瓷行业“终身成就奖”，是全国建筑陶瓷行业唯一获此荣誉的企业家。

自2010年起，蒙娜丽莎连续6年、7次参加国际标准化组织（ISO/TC 189）在多个国家的年会和标准讨论会，代表中国主导起草国际标准ISO/NP 17888《陶瓷薄板（砖）》和ISO/NP 18151《陶瓷薄板（砖）试验方法》，打破了意大利等陶瓷强国的标准技术垄断格局，争得国际标准话语权，提升了中国陶瓷生产大国的国际地位，表 3–3 为蒙娜丽莎主编、参编的国家标准与行业标准。

表3-3　蒙娜丽莎主编、参编的国家标准与行业标准

序号	标准发布部门	标准级别	标准名称	时间	主/参编
1	中华人民共和国国家质量监督检验检疫总局	国家标准	GB 21252—2013《建筑卫生陶瓷单位产品能源消耗限额》	2013.12	主编
2	中华人民共和国国家质量监督检验检疫总局	国家标准	GB/T 23266—2009《陶瓷板》	2009.3	主编
3	中华人民共和国住房和城乡建设部	行业标准	JGJ/T 172—2012（备案号：J861—2012）《陶瓷板应用技术规程》	2009.3	主编
4	中华人民共和国工业和信息化部	行业标准	JC/T 2195—2013《薄型陶瓷砖》	2013.4	主编
5	中华人民共和国工业和信息化部	行业标准	JC/T 2194—2013《陶瓷太阳能集热板》	2013.4	主编
6	中华人民共和国住房和城乡建设部	行业标准	JC/T 2352—2016《建筑陶瓷企业安全生产规范》	2016.7	主编
7	中华人民共和国国家质量监督检验检疫总局	国家标准	GB/T 4100—2015《陶瓷砖》	2015.5	参编
8	中华人民共和国国家质量监督检验检疫总局	国家标准	GB/T 3810《陶瓷砖试验方法》第1部分至第16部分	2016.4	参编
9	中华人民共和国国家质量监督检验检疫总局	国家标准	GB/T 13891—2008《建筑饰面材料镜向光泽度测定方法》	2008.6	参编
10	中华人民共和国国家发展和改革委员会	行业标准	JC/T 994—2006《微晶玻璃陶瓷复合砖》	2006.3	参编
11	中华人民共和国建设部	行业标准	JG/T 217—2007《建筑幕墙用瓷板》	2007.8	参编
12	中华人民共和国住房和城乡建设部	行业标准	JG/T 480—2015《外墙保温复合板通用技术要求》	2016.4	参编

2. 内控标准严于国家标准

参与国家标准的制定，也让我们更加理解标准的重要性，这种思维方式的改变影响更加深远。

因此，公司建立并执行了远高于国家产品标准、检验标准、环保标准的内控标准。仅仅产品实现标准就有近 500 个，表 3–4 为公司主导产品主要指标与国家标准对比表。什么样的标准就有什么样的产品，这些严格的标准，使公司产品合格率逐年提高，质量性能指标稳定性好；公司通过了 3C 产品、优质产品、环境标志产品等产品质量认证。

表3–4　公司主导产品主要指标与国家标准对比表

<table>
<tr><th>主要产品</th><th colspan="2">主要技术指标</th><th>公司内控标准</th><th>国家标准</th></tr>
<tr><td rowspan="6">瓷质砖（抛光类）</td><td colspan="2">吸水率（%）</td><td>≤0.1%</td><td>≤0.5%</td></tr>
<tr><td colspan="2">尺寸偏差</td><td>± 0.5 mm</td><td>± 1 mm</td></tr>
<tr><td colspan="2">耐磨性（mm^3）</td><td>耐磨损体积90~100</td><td>≤175</td></tr>
<tr><td colspan="2">耐污染性</td><td>5级</td><td>不做要求，只报告耐污染性等级</td></tr>
<tr><td rowspan="2">表面质量</td><td>外观质量</td><td>100%不允许有明显缺陷</td><td>95%的产品无明显缺陷</td></tr>
<tr><td>平整度</td><td>0.08%（最大变形 ± 1 mm）</td><td>0.2%（最大变形 ± 2 mm）</td></tr>
</table>

不仅如此，公司对各个管理环节都制定了详细的标准，用标准化的思维，不断提升管理水平。

图3–6　中国标准创新贡献奖

截至 2020 年 6 月，公司制定各类内控标准 1228 项，包括产品实现标准 428 项、基础保障标准 382 项、岗位标准 418 项，涵盖了公司生产经营的全过程，极大提高了公司的管理水平，图 3–6 为中国标准创新贡献奖证书。

五、全面提升：从产品到服务，从供应商到客户

推出薄板，是蒙娜丽莎综合能力的一次大提速，企业的整体创新能力上了一个新台阶。

自 2012 年起，蒙娜丽莎每年都会推出大量新产品，不断对产品进行升级迭代，传统瓷砖产品结构已从过去的抛光砖、“三罗”产品为主，升级到后来的“罗马森林”“罗马御石”“罗马宝石”“费拉拉”“花样年华”等一款款极具优势的创新产品，形成了仿石、仿木、仿玉、仿古、瓷片、瓷板艺术等全品类高端系列产品，其中许多新品处于国内领先水平。尤其是采用干粒通体布料技术的“罗马御石”和渗透墨水工艺的“罗马宝石”，在行业内独树一帜，成为当今建筑陶瓷市场最高档、最畅销的创新产品，扩大了中高端供给。

在陶瓷薄板方面，2016 年，蒙娜丽莎在原有陶瓷薄板产品系列的基础上，新增了水泥板系列陶瓷薄板，以及多款玉石、大理石产品，整体产品配套更加完善，大大促进了家装及工程市场的发展。2017 年，蒙娜丽莎进一步完善产品结构，产品制造尺寸、花色、工艺上都全面突破，研发出多款布纹、木纹及大理石产品，制造尺寸上实现 2400 mm × 1200 mm × 5.5 mm、1800 mm × 900 mm × 5.5 mm 陶瓷薄板与 1200 mm × 600 mm × 5.5 mm 陶瓷薄砖三种制造尺寸产品齐备，满足不同工程装饰需求，进一步提高产品整体质量竞争力。2019 年蒙娜丽莎还推出了 1600 mm × 3600 mm × 15.5 mm 更大规格的陶瓷大板、陶瓷岩板。

现在，蒙娜丽莎除清远生产基地保留少量的抛光砖产品外，总部生产基地早已淘汰了抛光砖产品而全部改为釉面砖产品，集团生产规模没有扩大，甚至通过改造减少了两条生产线，但蒙娜丽莎产品的附加值与销售额却逐年稳步提升，这就是产业转型升级和产品结构调整带来的价值。

蒙娜丽莎就是这样小步快跑调整产品，现在已经有非常明确的定位，继续引领中高端市场，图 3–7 为艺术、绿色、智能示范生产线一角。

图3-7　艺术、绿色、智能示范生产线一角

1. **从源头保证质量**

产品结构全面升级，对供应链的挑战不言而喻。

建筑陶瓷企业供应商多，规模大小不一，有能源企业，占用资金大；也有“纯天然”的瓷、砂企业，品质控制难度大；还有各种品类复杂，采购量少的釉料、添加剂供应商，这种复杂性增加了管理的难度。

长期以来，蒙娜丽莎坚持和供应商共进退。在供应商眼中，蒙娜丽莎是一个有信誉的企业，这是时间积累的财富，是蒙娜丽莎长期稳健发展赢得的声誉。而蒙娜丽莎也视供应商为伙伴，在双方的信任中，健康的、融洽的关系成为彼此合作的基础。

在此基础上，公司逐步打造起日益完备的供应商体系。根据材料重要性和供应商业绩对供应商进行评估。

公司进行物资采购的流程：首先，由公司生产部门或需求部门提交采购申请，申请提交后，由领导根据权限进行审批，审批通过后再由采购部门负责执行采购任务。采购执行部门在具体实施采购任务时将对供应商进行选择和评价，通过搜集供应商资料、对供应商做市场调研、样品鉴定或试用等方式对供应商进行初步选择。之后对初步入选的供应商进行询价议价，确定价格后下订单购买，保持与供应商建立起公平、公正、长期合作的关系。

采购过程中，公司还采取各种技术手段保证供应商体系运作正常。在保证物料需求期的基础上为公司采购到价格合理、质量合格物料的前提下，兼顾相关方对持续发展、长期合作的需求，并保证采购来料合格率、采购完成率和降低采购成本等绩效指标。以质量管理系统、ERP 软件、IT 信息网络平台为依托，按照“适质、适时、适量、适价、适地完成采购任务”的原则，从采购业务过程和供应商管理过程对采购过程进行设计,并且根据业务进一步发展的情况下，对流程进行优化；应用 ERP 系统，保证采购订单的及时性和准确性，减少库存量，缩短采购周期。

制定一整套考核制度保障供应商体系的运作。根据采购过程的策划，从采购业务过程和供应商管理过程两方面组织采购过程的实施，同时对现有供应商进行每季度评审，对年审不合格的供应商要求限期整改。整改仍达不到公司要求的，则降低业务量或停止合作。通过《供应商评审控制程序》《采购控制程序》等制度，对供应商的所有动态数据进行监督考核，采购价格通过招标定价按合同执行。为确保产品前端品质以及供货周期，采购过程还采取了以下措施:

（1）品质保证：公司依据 ISO 9001 和《供应商评审控制程序》对新引进的供应商进行严格评审，并签订合作协议，对现有供应商进行定期评审，保证供应商资格。

（2）交货期保证：为保障物料供应交期，前端确保下达订单的及时性，给足供应商交货周期。对供应商生产计划进行监控，加强与供应商生产信息的沟通。对部门人员进行指标分解，纳入绩效考核。如果出现交期延误现象，将追究供应商责任。

2. 从产品质量到服务质量

产品升级，必然带来管理升级。产品追求零缺陷，服务力争一百分，成了公司上下一致追求的目标。

对每一种产品，蒙娜丽莎都按产品制定详细的质量计划，操作手册。明确好产品名称，产品编号，质量目标，执行标准，工艺要求，研发、技术部措施计划，品管部措施计划，车间措施计划，设备改进措施计划，供应部措施计划，其他相关部门计划等。

通过将质量管理贯穿于每一道工序之中来实现提高质量与降低成本的一致性。过去公司配备了大量检验员来进行质量控制，现在下道工序就是上道工序的“检验员”，每道工序也是自己的“检验员”，真正把质量控制在过程中。这是工艺数据更丰富的结果，是操作规范更详细的结果，是检测设备更先进的结果，也是质量理念改变的结果。

公司一直坚持上道工序对下道工序负责的质量管理理念，每道工序先自行把关，确保达到各自工序标准半成品时才送入下道工序，最终产品由品管部质检人员按公司产品内控标准进行产品质量检验，产品检验合格进仓后，公司还专门安排检验人员对入库产品和出厂前产品进行抽查检验，发现不合格产品立即要求返工处理，最终确保每批产品都符合公司内控标准，具体各工序质量保证措施如下：

（1）原材料进厂检验保证措施：公司安排了专门的原材料检验人员对所有进厂的原材料严格按公司原材料检验标准进行检验；

（2）原料加工工序检验保证措施：原料加工工序检验人员严格按原料加工工艺参数和技术指标进行各种性能检验，合格方可进入下一道工序；

（3）产品烧成工序检验保证措施：烧成工序为关键工序，从坯料成型到产品烧制，公司制订了严格工序检验标准以确保产品各项性能必须达到公司内控指标，在生产过程中发现任何质量问题立即处理，以杜绝不良品产生；

（4）产品加工及产品标准保证措施：烧制好的产品经磨边、抛光等处理好后交由品管部质检人员进行产品质量检验，公司安装了最先进的产品平整度、尺寸检测仪，在生产线上对产品进行全数检验，以确保不合格产品不能流入市场。

产品种类增加，再加上客户对不同花色、尺寸的要求越来越细，高质量的产品还要有高质量的服务来匹配，服务质量如果无法跟上，再好的产品也不能让用户满意。因此，公司对所有服务流程制定了服务标准，建立了包含客户售后服务部、服务热线系统、服务网点、技术支持及咨询中心的客户服务体系，表 3–5 为客户服务体系组成和职责。

表3-5　客户服务体系组成和职责

体系组成	职责
客户售后服务部	负责客户工程业务； 负责接受客户的投诉，并跟踪解决； 负责回访客户产品使用情况，收集客户建议和意见； 负责向客户提供产品技术咨询服务，包括产品适用配套的配件； 负责对售后服务人员进行统一调度
服务热线系统	负责转接客户各种反馈和咨询信息； 负责收集报表，数据分析，并向客户售后服务部提交报告
服务网点	负责处理顾客投诉，向客户售后服务部提供更换产品的真实信息； 负责进行商务投标中服务问题的解答和服务支持
技术支持及咨询中心	负责向客户提供产品技术咨询服务，包括产品适用配套的配件； 负责客户工程技术方面的培训

这套客户服务体系不仅完成了产品到销售的跨越，也为产品研发提供信息输入：公司通过建设和完善市场销售，通过建设覆盖国内、国外市场的销售体系和服务体系，通过对行业市场的分析、通过对客户应用需求的分析，全面了解顾客的需求，在此基础上进行市场细分，根据细分市场进行市场渗透、市场开发。由销售事业部制定销售规划，由研发中心制定产品规划与产品策略。以市场驱动进行产品设计与开发，贴近用户需求，满足用户需求。通过有效的销售过程管理进行信息的反馈与传递，加速对顾客和市场的响应，及时为顾客提供售后服务，迅速处理顾客的投诉，满足顾客的需求和期望，提高顾客的满意度和忠诚度，从而形成产品迭代、改进的闭环。

对于重大质量问题，公司建立了完善的反馈、改进流程，图 3–8 为重大质量问题反馈、改进流程。

公司时刻关注客户需求、聆听客户心声，依托完善的客户关系管理体系，建立良好的客户关系。公司提供“星级微笑服务”，尊重消费者权益，保障消费者健康和安全，对于消费者投诉及时解决。在处理客户关系时，公司根据与

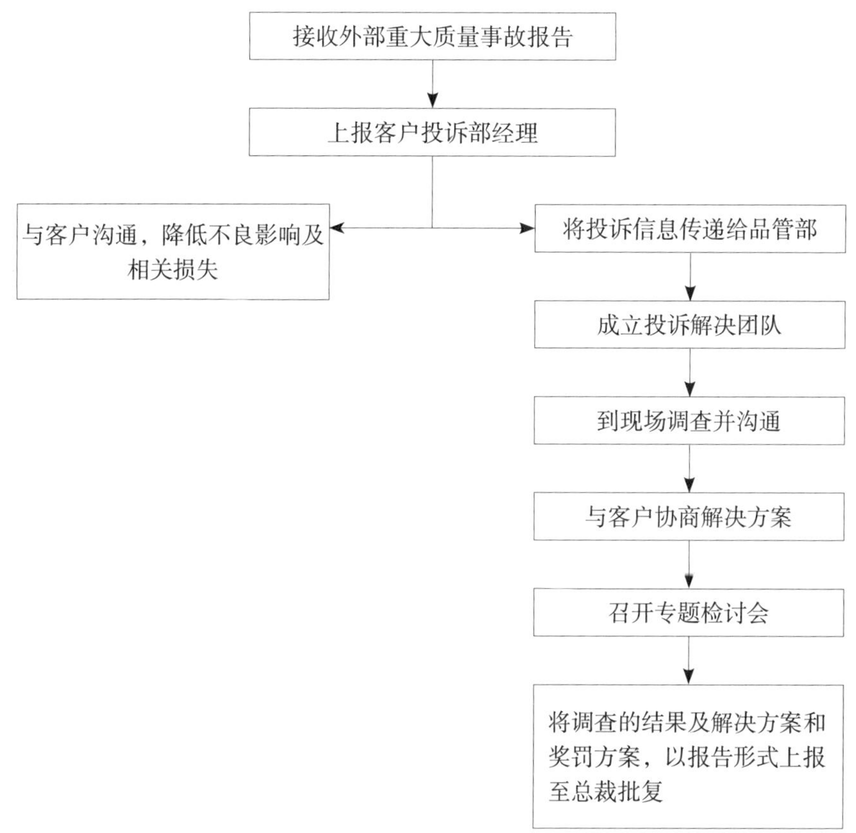

图3-8 重大质量问题反馈、改进流程

顾客合作关系的不同，把顾客分为战略顾客、重要顾客、一般顾客。战略顾客侧重关注新产品开发能力及物流，重要顾客侧重关注质量的稳定性及优惠的价格与物流，一般顾客侧重关注优惠的价格及物流。根据市场区域进行分类，公司客户有国内市场（包含华东、西南、华北等十三个大区，分别由十三位大区总监负责）与海外市场（包括东南亚、欧洲、南美洲等）。同时，设有品牌战略合作部，坚持服务于高端市场与重点客户，先后与万科、保利、万达、珠江、金地、恒大等 34 家知名房地产企业达成战略合作伙伴关系，同时成为解放军总后系统、建设银行、农业银行等政府、金融机构的指定选用产品，是奥运会 7 大场馆、亚运会 13 大场馆的瓷砖供应商。

今天，公司可以非常自信地向顾客承诺产品优等率达100%，瓷质砖放射性水平A类产品出厂合格率100%，供货及时率100%，投诉处理及时率100%，产品包装箱上的说明书、标识严格执行相关国家标准要求；公司不定时向战略合作商和工程项目合作商进行质量诚信承诺，让战略和工程合作商满意。

公司对销售产品有重大质量问题和对消费者有人身安全伤害（产品放射性达不到国家标准规定的）时，实行召回、赔偿、销毁、更换等制度。公司出台《质量问题处理程序》《质量事故管理规定》，实现质量责任在产品设计、制造、运输、交付、售后服务等各管理环节全过程覆盖，实现闭环管理。

六、从产品到运营，追求卓越

产品升级拉动质量管理升级，最终的目的和最终实现的效果是企业经营业绩的整体提升，是企业管理水平的整体提升。

当蒙娜丽莎的创新能力、产品质量控制能力、服务质量管理能力等得到提升时，我们也开始了更深远的思考。企业发展的目标就是不断提升么？怎样的管理才是更好的管理？这样的管理能应对复杂的行业变化么？

这时，我们接触到《卓越绩效评价准则》，对我们来说，这个准则提供了一个思考的框架。2010年3月，蒙娜丽莎正式导入卓越绩效管理模式，从那时起，蒙娜丽莎就发生了脱胎换骨的变化。卓越绩效管理模式对公司的领导、战略、顾客与市场、资源、过程管理、质量/分析与改进、经营结果七个模块的各项指标进行严格的测评分析。把这种模式导入，企业就会不断往前走。

我们发现运用这个模式不是生搬硬套，而是根据企业具体情况灵活运用。我们可以对企业管理的每一个模块进行自我诊断，发现其中的优势和不足，对自身的运营状况有了更好地理解。

而且不同行业的企业也是按照这模式来自我诊断，我们不仅可以以此找到行业内的同行们做比较，还可以在行业外不停寻找标杆，帮助更好地找到管理提升的路径。

在蒙娜丽莎产品升级的过程中，为卓越绩效所代表的系统性的管理方式提供了充分的管理支持。

当一个公司的全体员工都严格按照这个管理模式来执行的时候，产品质量的稳定性也大大提高了。比如在陶瓷薄板生产领域，由于薄板尺寸大厚度小，在初期的生产中损耗率较高，优等率和传统瓷砖比相差近 25%。而在卓越绩效管理模式的推动下，蒙娜丽莎决心要挑战这个数字。原来企业的生产部门只是根据工序，划分为生产技术部、原料车间与烧成车间，为了让生产管理细分，公司特别划分出配料技术部、技术研发部等部门，并将传统瓷砖 90% 以上的优等品生产率作为陶瓷薄板的生产目标。经过技术上不断改进，现在陶瓷薄板的优等品生产率有了大大的提高。

公司还建立“以合理化建议和技术管理创新提案为基础的个人改进层级，以 QC 小组、6S 现场管理、准时化生产为主导的部门改进层级，以清洁生产、技术管理创新项目、年度科技项目为核心的跨部门改进层级，以卓越绩效管理模式、标准化管理为框架的公司改进层级”的管理模式；对生产经营中的绩效进行测量和分析，对绩效评审结果、关键比较性和竞争性数据进行差异分析，运用 PDCA 循环闭环管理的改进流程，使各个层级达到公司既定目标，卓越绩效相关奖项及证书见图 3-9。

荣誉证书
HONORARY CREDENTIAL
授予：蒙娜丽莎集团股份有限公司
2015年佛山市政府质量奖

根据《广东省政府质量奖评审管理办法》的规定，经广东省政府质量奖评审委员会评审，特授予蒙娜丽莎集团股份有限公司

2015年度省政府质量奖

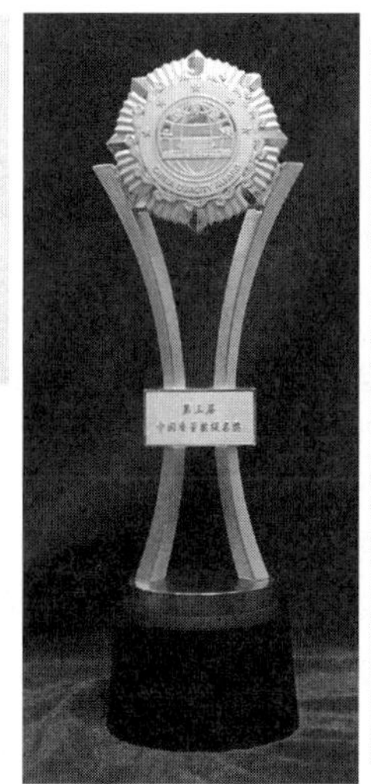

中国质量奖提名奖

证 书

为表彰第三届中国质量奖获奖者，特颁发此证书。

获奖内容：陶瓷与艺术、绿色、智能融合的微笑管理模式

获 奖 者：蒙娜丽莎集团股份有限公司

证书号：2018-ZGZLJ-03-T-Z26

图3-9 卓越绩效相关奖项及证书

第三节 智能制造，全产业链下的质量提升

蒙娜丽莎产品质量的提升，前有产品升级牵引，后有技术装备支撑。发展到今天，智能制造已经成为蒙娜丽莎转型升级，走高质量发展道路的重要基石。智能制造水平的提高，极大地保障了产品质量的提升。

和其他行业的企业比，蒙娜丽莎的规模并不算大，作为一家传统行业的民营企业，蒙娜丽莎不断提高智能制造水平的过程，依托了佛山智能制造产业整体发展的提升。他的升级过程是通过逐步迭代，以较低的成本实现逐步升级，这正是蒙娜丽莎依据自身实际，能够稳步发展的原因所在，也是我们这类企业实现智能制造的重要特点。

一、佛山制造的升级

佛山的制造业在改革开放后迅速成长起来，它显示了中国制造的勃勃生机，代表了中国制造的发展速度。佛山民营企业充满活力，但是在发展初期，佛山的民营企业家们往往是选择门槛较低，技术含量不高的产业进入。陶瓷行业就是这方面的代表。

2005 年前后，陶瓷行业已经感受到了严重的生存压力。当时长三角、珠三角地区出现“能源荒”现象，工业用电和居民用电都受到了影响。还有日益严格的环保要求，以及后来全球金融危机爆发带来的出口紧缩，多重因素叠加，给整个佛山制造业都带来了严峻的挑战。建筑陶瓷产业遭遇的挑战更为严重。很多建筑陶瓷企业一直走低成本要素驱动和跟随模仿之路，在这样的外部压力之下，路越走越窄，甚至逐渐走进死胡同。也就是在这一时期，佛山制造业、建筑陶瓷产业都开始思考转型升级的路径，并开始了一系列的探索。从传统产业“腾笼换鸟”到近几年全力推进制造业转型升级，佛山经过多年努力，智能制造产业、智能制造水平都已经出现整体提升。

蒙娜丽莎也和其他建筑陶瓷企业一样意识到转型升级的紧迫性。在佛山制造业转型升级的大背景下，我们开始了智能制造的升级。

1. 鼓励传统制造业转型升级

近年来，佛山全面推动制造业转型升级。佛山始终坚守做大做强实体经济的初心不动摇，始终坚持把制造业当作城市的“根”。制造业转型升级主要面临着成本高、融资难、融资贵、新动能规模小、创新能力弱、要素支撑不足等问题。特别是家电、陶瓷、纺织、服装、家具等传统产业占佛山工业的70%左右，改造提升优势传统产业成为佛山制造业转型升级的重中之重。当时佛山政府积极支持企业转型升级，佛山产业转型升级采取了“扶持壮大一批、改造提升一批、转移淘汰一批”的思路，对佛山优势传统产业就地转型升级，围绕“互联网+智能制造”的产业方向，采用高新技术、信息技术和现代管理技术提升优势产业的技术含量，实施“质量提升、品质提升、品牌提升”，推动产业链向高端延伸。

2015年12月，佛山获批成为全国唯一的制造业转型升级综合改革试点城市。很快《〈中国制造2025〉佛山行动方案》《佛山市打造万亿规模先进装备制造业产业基地工作方案》等政策先后出台；佛山创建智能制造转型升级引领区，实施“百企智能制造提升工程”，引导全市20%以上制造业企业开展智能化改造。推动互联网和制造业“融生新动能”，推进重点行业龙头企业数字化设备联网、“上云上平台”。加快新兴产业“新芽育大树”，培育机器人、电子信息、生物医药、新能源汽车、军民融合五大新兴产业。

佛山还通过实施《佛山市扶持企业推进机器人及智能装备应用实施方案（2015—2017年）》，投入近2亿元资金扶持企业。目前佛山机器人制造的全产业链已经形成，在吸引全球机器人“四大家族”入驻佛山的同时，佛山也涌现出嘉腾、利迅达等一批具有国内先进水平的本土机器人企业。行业规模保持30%以上的增长速度，成为华南地区机器人集成系统解决方案集聚地。佛山还通过“两化融合”，推动数字经济与实体经济融合发展，促进传统制造业加快向价值链中高端迈进。

2016年，佛山又正式提出了“国家制造业创新中心”新定位，坚持以智能制造为主攻方向。2017年7月，佛山市政府发布了《工业产品质量提升三年行动计划（2017—2019年）》（以下简称“三年行动计划”），明确了全面建成全国质量强市示范城市、打造国家制造业创新中心、中国制造业一线城市的质量提升路线图。主要政策措施包括：制定细分行业龙头企业认定标准、培育措施、奖励办法等配套文件，打造一批传统制造业转型升级的标杆。深入实施“以质取胜、技术标准、品牌带动”三大战略，以质量提档升级推动经济转型升级。佛山还在全国首创了制造业标准联盟，对标欧美的标准，组织机器人、陶瓷、模具等多个行业，自发制定了200多项佛山标准。2017年佛山完成工业技术改造投资771.5亿元，连续4年总量位居广东省首位，推动全市一半以上规模工业企业开展技术改造。

2. 产业链升级为下游企业转型升级创造条件

整个佛山制造业水平的提升，对企业来说，是难得的发展机遇。尤其是建筑陶瓷装备企业的转型升级，意味着整个产业链的腾飞，也是企业发展的契机。要成为行业的领军者，在这样产业链发展的时期，就应该果断出击，抓住机遇。

传统产业的转型升级离不开装备的有力支撑，佛山从过去全球产业链分工的配合者、参与者，向整合全球产业链的主导者转变，提升装备制造水平是结构优化突围的关键。

佛山陶瓷装备制造业，依托传统产业而产生，并为本地的企业提供配套服务，上下游企业之间形成了良性互动的格局，为蒙娜丽莎这样下游企业的升级创造了条件。

佛山积极奖励陶瓷装备制造企业转型升级。例如支持首台（套）重大技术装备的研发与使用，其中包括支持具有自主知识产权的首台（套）装备的研发与使用，申请及评审标准为符合《广东省首台（套）重大技术装备推广应用指导目录》和工业和信息化部《首台（套）重大技术推广应用指导目录》要求的装备产品。例如，2018年通过评审的陶瓷装备技术共有7个，分别集中在节能环保领域、大吨位压机和陶瓷喷墨机三个领域。图3-10为数字化喷墨生产线。

佛山陶瓷装备制造企业积极向新兴高端装备拓展，研发高端建筑陶瓷装备，补充已经形成的装备制造的产业链条，使佛山陶瓷产业从上游到下游，形成更加门类齐全的产业分工合作系统。例如，广东佛山恒力泰机械有限公司联合德国西门子公司推出的生产线管家是为陶瓷企业量身打造的智能制造平台。生产线管家集成了部分MES功能，又能与第三方的MES无缝对接。管理平台总共有11大功能。包括：（1）生产线SCADA;（2）过程数据接口标准化；（3）生

图3-10　数字化喷墨生产线

产信息跟踪和查询；（4）设备的数字化管理；（5）生产订单执行；（6）质量监控；（7）物料数据采集与追踪；（8）人员管理与审计追踪；（9）能源数据采集与分析；（10）生产看板与可视化；（11）远程诊断与监控。这些功能覆盖了陶瓷行业智能制造的关键点。

二、小步快跑，智能升级

陶瓷行业从20世纪90年代初期引进国外设备和技术，经过国内的陶机装备企业对这些技术的吸收转化，已经完成了陶瓷整线的国产化。在这些国产化的过程中，也对陶瓷行业的自动化进行了改造。比如窑炉出口自动的上、下砖，成品的缺陷检测、自动打包等。但是在智能制造方面，陶瓷行业已经远远落后于电池、汽车、制药等行业。归根结底是因为陶瓷企业决策者对智能制造的概念没有清晰的、全盘的认识，对智能制造所必须具备的软、硬件基础的构成缺乏了解。

尽管如此，蒙娜丽莎还是开展了很多探索，这些探索从项目层面起步，逐步提升，一手抓生产线，一手打通信息壁垒，逐步将信息化落实到生产、销售、物流、消费者等产品全生命周期中，给管理者、生产者、消费者带来便捷的体验，成为提升企业运营质量的有效路径。

1. 分析每个工序，逐步实现“机器替人”

随着产品的升级，蒙娜丽莎逐步对生产线进行升级，早在 2002 年就已经引入意大利的自动化设备应用于生产。2007 年薄板投产，生产线建成后，这条全新的生产线自动化水平大幅提升。

最近几年，蒙娜丽莎大量引进自动打包、自动分检、智能印花、智能喷墨打印等国外先进自动化生产设备，已经实现半自动化生产，极大提高了生产效率，改善工人的工作环境。

在引进先进设备的同时，我们对生产流程进行自动化改造，逐渐采用自动化装备代替手工劳动，甚至大规模采用自动化生产线，在应对劳动力成本上升的同时，更好地控制产品的质量。例如在包装打包环节，流水线上用纸箱自动包装，3 片 1800 mm × 900 mm × 5.5 mm 陶瓷薄板一次成箱。以往这 3 片薄板的包装需要 2~4 位员工把它抬到木箱里面。现在一个机器手臂，轻而易举就可以抓起一件重达 58 kg 的包装箱，然后精准而迅捷地放置到旁边的木托上面去。

这个分级打包的工序，可以说已经基本实现以机器替人。原来要八九个员工，现在只要两位员工就可以完成。一个员工看自动分级工序，一个员工看最后装箱机器，就可以了，而且只要操控按钮，不需要搬任何的东西，这样改进的效果是显而易见的。

蒙娜丽莎的做法其实很简单，就是从实际出发，把凡是能够用机器替人的岗位，先用机器代替人，图 3–11 为蒙娜丽莎在行业内首家引进自动化机械手。把机器引进来，并且货比三家，引进最好的，而不是引最便宜的，或者说引进性价比最高的。

这样类似的分级打包改造还有很多，而且随着信息系统的完善，打包的效率和安全性都大幅度提高，把员工从粗重的体力劳动中解放出来，现在这道工序上的工伤率，基本为零。

图3-11　蒙娜丽莎在行业内首家引进自动化机械手

2. 信息化助推质量提升

从不断升级生产线的自动化水平开始，蒙娜丽莎通过不断迭代，已经在越来越多的生产工序、流程中实现了自动化。当这些散落在各个生产环节的自动化设备连接上信息系统后，蒙娜丽莎的柔性制造能力也得到了跨越式的提升。

蒙娜丽莎在生产原材料时使用自动读数信息化和可视化监控系统平台，自动计量和监管生产原材料和能源应用，确保了投入的准确度，提高了原材料利用率、降低了不必要的浪费，提高了生产线的成品质量和产量。

在最后的外观环节，蒙娜丽莎进行了智能化装饰工艺及装备技术的改造升级。引进并改造最新型的数码喷墨打印机及釉线配套设施，只需通过简单的电脑操作即可完成转产，能够灵活处理各种不同批量及品种的订单，这更加适合陶瓷装饰时尚化、个性化、多样化的发展趋势。

在包装运输阶段，也实现了自动装运。并且能够实现数据的共享。

除了生产环节，各种支持环节的数据纳入了 ERP 系统，统管生产数据。实现产品研发、PLC/PSC、CAM 辅助制造、生产计量统计、生产监控系统、成本核算、设备管理全过程数据的共享。通过对生产过程实现更加精准的控制，能够有效保证产品质量。

为了确保产品质量，我们还借助信息化手段建立了完备的质量追溯系统。

公司建立了全过程质量追溯系统，实现 24h 内完成全过程追溯，为生产质量过程控制改进提供可查询依据，有效预防和减少由于质量问题带来的巨大损失。具体方式包括：

（1）经营全过程运用 ERP 系统，将质量信息输入系统模块，实时掌握产品所在的位置和所处的状态。

（2）制定《产品标识和可追溯性管理规定》，规定从原材料进厂到产品出厂全过程中产品的标识方式、检验和试验状态的分类，可追溯性控制的管理等内容，图 3–12 为标识和可追溯性控制程序。

Q/MNLS

蒙娜丽莎集团股份有限公司企业标准

Q/MNLSG05008—2015

标识和可追溯性控制程序

（QP－13：标识和可追溯性控制程序，IDT）

2015-11-10 发布　　2015-11-10 实施

蒙娜丽莎集团股份有限公司　发布

图3–12　标识和可追溯性控制程序

（3）制定质量追溯流程图，明确人员的职责分工和流程节点。从靠人控制质量，到全过程提升质量，今天，在智能制造的支撑下，公司的产品质量管理进入了新的发展阶段。近年来，产品质量一直保持稳定水平。公司在符合国家标准的基础上，进一步细分产品，分为优等品和正品两个等级，优等品远远高于国家标准的要求。

3. 两化融合，深化智能制造

2017 年，公司着手推进两化融合，以推进公司整体的信息化水平，让智能制造再上台阶，图 3–13 为广西自治区领导视察桂蒙智能制造控制中心。

公司以贯标为抓手，重新梳理各项流程。梳理了信息化竞争环境下，公司应具备的新型能力，以获取这种可持续竞争优势的新型能力为主线，制定两化融合中长期目标，明确管理职责、夯实基础保障、规范实施与执行、应用评测与改进方法，将新型能力的需求转化为方案、要求，通过技术获取、匹配与规范、运行维护等工作的落实，获取可持续竞争优势的新型能力。实施智能化生

图3-13 广西自治区领导视察桂蒙智能制造控制中心

产和管理，使得信息化、自动化系统打通并管控生产、经营相关的所有环节，提高企业的可持续竞争优势的需求。

公司把推进两化融合作为未来发展的基石，推进全员对两化融合的认识，以此为契机，发动公司上下落实基础数据的积累，采集两化融合过程中可靠和有用的数据，并将其转化为公司所需的信息，进一步提炼为公司的知识资产。公司将信息资源作为战略性基础资源予以管理，将更多线下流程实现线上运营，着力打通原有的流程壁垒，在公司上下，以两化融合为契机开展流程再造。

2018 年 5 月，蒙娜丽莎顺利通过两化融合管理体系认证。这一年，我们也通过更新生产装备和技术升级，智能化改造，在传统砖领域推出一系列新产品，增强了企业的市场竞争力，图 3-14 为集团公司艺术、绿色、智能生产线。更为重要的是，经过两化融合理念的洗礼，公司上下越来越适应信息化环境下的工作方式，制造业思维开始向“互联网”转变。我们的信息化服务从生产逐步走向客户，智能制造的优势日益显现。

图3-14　集团公司艺术、绿色、智能生产线

4. 柔性生产，私人定制

当越来越多的数据实现共享后，我们减少库存，减少浪费，为更多客户提供定制服务的能力，也就是一种柔性制造的能力迅速提升，能够更好地满足消费者多元化、个性化的需求，实现按需生产，提高服务客户的能力。

例如，坐落在钱塘江边的杭州生物医药创业科技大楼项目，针对外观呈圆柱形的三座超高层建筑，建筑方要求采用与建筑风格相匹配的金属质感灰色陶瓷薄板，蒙娜丽莎柔性制造系统通过信息化系统的传递，把设计要求传递给设计师，设计师通过系统操作，实现选材，系统自动锁定色号，经自动化生产线配料生产，实现了按需供给。

这样的合作还有很多，随着蒙娜丽莎服务能力的提升，定制服务的个性化越来越强，图 3-15 为蒙娜丽莎通过展会展示定制化、个性化服务。过去还是服务于一项工程，现在更小数量的订单，蒙娜丽莎也能满足客户需求，顾客和工厂之间的距离越来越小。可以实现从顾客下单到成品产出的“一键式服务”。未来的陶瓷产业可能像时装产业一样，流行更迭越来越快，顾客可选择的产品

图3-15　蒙娜丽莎通过展会展示定制化、个性化服务

也越来越多。客户需要的不再是标准化的产品，而是更具个性化的，这种个性化不仅是花色品种，还可能是尺寸、规格。以珠江投资为例，他要求的产品尺寸不是 600 mm × 600 mm，800 mm × 800 mm，而可能是 606 mm × 606 mm，或者是 808 mm × 808 mm，为什么？因为客户希望他的每一个楼盘，在现场尽可能做到不用再切一刀，而是把产品运到那里拆开包装，就可以直接铺贴。这时我们的生产就是和地产商不断互动完成的。当然未来房地产行业也在不断升级，目前房地产行业在建造过程中还会出现一定误差，所以即便我们按照他们的尺寸生产，但是到了现场还存在再加工的现象。未来，随着下游产业的提升，我们的柔性生产将有更加广泛的运用。

未来，蒙娜丽莎将继续加大智能化、自动化改造的投入。在中国建筑陶瓷行业产能过剩，市场疲软、供需矛盾加剧，市场竞争激烈的情况下，智能制造为我们参与市场竞争提供了有力支撑。未来我们将打通越来越多的信息壁垒，从制造到渠道实现更好的协同，实现服务的新突破。例如可以将智能制造系统与财务系统和客户系统打通。届时，客户只需进入蒙娜丽莎系统或云平台，就可知道蒙娜丽莎的生产情况，知道自己订单的生产进程，还能进行在线支付。而蒙娜丽莎的管理人员也可以用手机远程监控生产，腾出更多时间和精力去考察市场。在家居产业互联网 + 发展的新时代，以有力、灵活、高效的制造能力，支撑起更多的渠道创新、服务创新，提升企业竞争力。图 3–16 为桂蒙生产基地生产线。

图3–16　桂蒙生产基地生产线

结语

激烈的市场竞争激励企业在产品创新上马不停蹄，如果没有质量稳定的量产能力，产品创新不过是空中楼阁，是无法带来效益的投入，对这一点我们体会深刻。

因此，蒙娜丽莎始终秉承着工匠精神，持之以恒地提升企业的制造能力，质量管理水平。随着产品工艺要求越来越高，附加值越来越高，我们的质量管理方法也在不断跟进，从“星期天工程师”利用业余时间来辅导，到自己拥有专业质量管理队伍，我们的质量提升克服了一个个困难，我们的眼光也从具体工具转向了企业整体运营质量。

今天我们全力投入智能制造，以智能制造保证高品质的产品，这样的升级改造过程很有蒙娜丽莎的特色。很幸运，我们踏上了佛山智能制造升级的节拍，在整个产业迎来新的挑战和发展阶段时，蒙娜丽莎站在行业发展的前列，以自己的实际行动参与、促进、引领建筑陶瓷这个传统产业的转型升级。智能制造代表着建筑陶瓷行业的未来。

在蒙娜丽莎质量管理模式形成过程中，我们的制造升级过程是和质量升级过程高度重合的，其间积累的知识财富，是我们质量管理模式中最核心、最重要的内容。

第四章

绿色，
推动理念升级

CHAPTER 4

绿色，是蒙娜丽莎的品牌标志色，也是蒙娜丽莎的发展理念，它包含了绿色工厂、绿色产品、绿色制造、绿色采购及绿色全产业链。

建筑陶瓷产业，能耗大、污染大，在人们越来越重视生态美的今天，建筑陶瓷产业的环保问题已经上升为行业发展的新瓶颈,而且这种趋势会日益明显。可以说谁能早一步解决节能环保问题，谁就能取得领先优势，谁就能实现可持续发展。

蒙娜丽莎从成立之日起就高度重视环境保护、节能减排，21 世纪初就在行业中率先对生产线进行环保改造，推行清洁生产，建立能源管理体系，打造高效节能的生产线，通过研发节能环保的绿色产品，全面践行绿色发展理念，成为这一行业转型升级的领先企业。

今天，绿色发展已经成为蒙娜丽莎发展的基本理念，也成为企业质量管理模式的驱动力之一。绿色发展是我们可以实现持续发展的优势所在，是我们未来发展的基石。

第一节　绿色，发展之基

进入 21 世纪，蒙娜丽莎已经意识到环境问题会是建筑陶瓷行业未来发展的“天花板”，它所带来的能源消耗、环境污染在整个行业的高速增长下会日趋严重，必须尽早重视这个问题，才能顺利度过行业发展的低谷。正是因为有这种意识，我们才在行业中率先建立起绿色发展理念，也因此在后来的行业发展困境中，顺利渡过一个个难关。

一、佛山陶瓷行业转移与治理

陶瓷产业是传统制造业中典型的劳动密集型和原料依赖型产业。陶瓷工业走了一条先污染、后治理之路。

佛山陶瓷产业发展面临着严峻的发展压力。

一是资源压力。佛山地区的陶土资源已基本用尽，企业大多从外地，比如东莞、肇庆、中山、英德等地购买陶土。随之带来了原材料和运输成本的上升，对企业的发展形成巨大压力。

陶瓷企业能源消耗大，在没有大规模治理之前，佛山有大大小小数千家陶瓷企业，有的一条生产线就是一个厂，这些工厂管理粗放，能源消耗大。2005 年前后全国范围内出现能源紧张的局面，对佛山企业造成了巨大的成本压力。

二是巨大的环保压力。尤其是陶瓷行业工业粉尘排放量大，对环境危害严重。以佛山 2007 年环境统计数据为例，陶瓷行业工业粉尘在所有重点工业企业工业粉尘排放占比达到了 59.86%。很多管理不规范的企业，其排污量远远高于国际同行，对环境造成了巨大损害。

三是巨大的市场压力。佛山陶瓷经历过快速成长期，很长一段时间供不应求。21 世纪初，这种情况已经逐步改变。特别是 2008 年前后，国际金融危机对国际市场产生了很大影响。而且各国持续不断的各种反倾销和知识产权诉讼也对产品出口造成进一步限制。同时国内市场的高增长现象也趋缓，产能过剩现象严重，国内销售量在 2008 年也出现大幅下降。

这些压力都直接影响了整个建筑陶瓷产业的发展，各种政策调整也对佛山的建筑陶瓷产业产生了直接的影响。尤其是在节约能源、环境保护方面的各种法律法规、政策标准更是对我们陶瓷企业提出了严峻的挑战。

20 世纪 90 年代，国家开始推行国际 ISO 14000 环境管理体系认证；2002 年全国人大审议通过了《中华人民共和国清洁生产促进法》，并于 2003 年 1 月 1 日起实施；2004 年 5 月 1 日起，国家确定对瓷质砖的放射性进行强制认证（3C 认证）。2006 年，国家环保总局制定了陶瓷砖和卫生陶瓷的《环境标志产品技术要求》，开始陶瓷的环境标志产品认证；2007 年，制定《陶瓷行业清洁生产评价指标体系》，开始组织陶瓷企业清洁生产审核。2007 年《建筑卫生陶瓷单位产品能源消耗限额》出台；2009 年 GB/T 23332—2009《能源管理体系要求》出台；2010 年《陶瓷工业污染物排放标准》出台。2013 年底，国家工业和信息化部公布《建筑卫生陶瓷行业准入门槛》，进一步提高了建筑卫生陶瓷行业的准入门槛，对整个行业的转型升级起到促进作用。2017 年 6 月以来，中国建筑材料联合会和中国建筑卫生陶瓷协会相继制定《建筑卫生陶瓷行业淘汰落后产能指导意见》和《推进建筑卫生陶瓷行业供给侧结构性改革打赢“三个攻坚战”的指导与组织实施的意见》，提出“十三五”期间淘汰陶瓷砖产能 30 亿 m^2，占总产能比例 21.4%，陶瓷砖的产能利用率将由“十二五”末的 72.9% 提升至 85%。同时提出，到“十三五”末，真正实现企业总数减少 1/3，前 10 家建筑陶瓷企业生产集中度达到 20%~30%，培育 3~5 家销售额超百亿元的国际知名企业，行业国际竞争力得到显著提高。综观这十多年的政策，不仅旨在淘汰落后产能，也鼓励优秀陶瓷企业进一步做大做强。

这些标准、政策的密集出台，也标志着这十多年来，全国陶瓷行业进入了一个持续的转型升级轨道。不难看出其中的关键词就是节能环保，这是这个行业的基本限制条件，也是发展目标。

在这一点上，佛山在全国是先行一步的产区，在很多标准和政策的制定中都发挥了重要作用。

2004 年，佛山政府就已经出台和实施《陶瓷企业废气污染整治方案》。关于陶瓷企业废气污染的危害已经引起了相关部门的高度重视，治理工作拉开大幕。

2006 年，佛山陶瓷产业产值占佛山工业总产值的 7%，能耗却占 20%，在陶瓷企业集中的禅城区，行业能耗占到了全区工业能耗的 43%。全区推行的首先是喷雾干燥塔改造。据统计，2007 年 5 月，禅城区在用喷雾塔 199 座，完成治理 197 座；窑炉改烧二段发生炉煤气、增设烟气脱硫装置，环境问题明显好转。与此同时，佛山的许多陶瓷企业迁移到清远，由于产量巨大、企业过于集中，使清远又出现了严重的环境污染。到了 2007 年，相关治理工作进一步严格。7 月佛山市政府明确要求采取“扶持壮大一批，改造提升一批，转移淘汰一批”等措施，推动现有陶瓷生产企业加快改造提升，对粉尘不密封收集、水不循环使用等不符合清洁生产标准的企业，一律强制关闭。

2008 年，佛山一次性出台三个政策文件，分别是：《佛山市陶瓷产业结构调整评价指导方案》《佛山市陶瓷产业扶优扶强若干政策措施》和《佛山市陶瓷产业发展规划（2008—2015）》。对陶瓷企业的结构调整力度进一步加大。

2009 年，佛山开始进行以环保改造为中心的“绿色陶都”建设，效果显著。佛山制造的陶瓷砖约 60% 为抛光砖，抛光工序会产生大量含废渣的废水，在政府的指引下，逐步建设了废水处理站进行循环处理，实现了废水的零排放。回收的大量抛光废泥用于制造轻质陶瓷砖、免烧砖等。

2007年—2010年间，回顾佛山对陶瓷产业的主要治理方式是“腾笼换鸟”，佛山市相继关停、外迁了数百家陶瓷企业，只保留了62家重点企业。

此后佛山对陶瓷行业的环保要求逐年提高。2014年，佛山市开展了瓷砖行业综合整治，大部分瓷砖企业喷雾塔已建成了脱硝设施。《佛山市2017年陶瓷行业大气污染深化整治方案》中要求：2017年10月1日前，全市瓷砖行业大气污染物氮氧化物排放限值收严为100 mg/m^3，其他大气污染因子达到GB 25464—2010《瓷砖工业污染物排放标准》及其修改单的指标要求；2018年1月1日前，划入高污染燃料禁燃区扩大范围内的瓷砖企业改用天然气。整治范围对佛山全市的63家瓷砖企业实施烟气污染深化治理，包括建筑瓷砖、洁具瓷砖和特种瓷砖等涉及采用喷雾塔或窑炉进行烧成的瓷砖企业，共计窑炉（包括辊道窑、梭式窑、干燥窑等）340条，喷雾塔209个。改用天然气窑炉或喷雾塔可以不用开展提标整治，但必须满足排放标准的要求。

十几年来从未停止的陶瓷砖行业环保治理，对我们这样的企业来说，关乎企业长远发展，也关乎企业当下生存。而且我们也相信，未来，这种基于环境保护的行业治理还将继续，环保将成为这个行业基本的准入证。

相关链接

去产能与新建产线并存，瓷砖行业开始大洗牌

2017年年初至今，各地陶瓷主产区从主动压缩产能到被封查关停的陶瓷厂家数不胜数。山东淄博建筑陶瓷产能从7亿m^{2}减到2亿m^2；山东临沂建筑陶瓷行业6成产能将退出；河北高邑、赞皇陶企全线停产；河南鹤壁陶瓷全部被要求企业停产整改；四川夹江未来将有约30%的产能彻底退出；福建闽清产区陶瓷厂停产，漳州8家陶瓷厂被限期整改；广东、贵州、山西等产区，各有不同程度的环保整改和停产事件。同时，2017年，国内瓷砖主产区的一些陶瓷企业产能被迫转移，纷纷落户生产环境更稳定、原材料更便宜、交通区位更便捷的省份，截至2017年3月，新建的瓷砖生产线初现大扩张，东北、山东、

山西、河南、重庆、江西、新疆等地累计投资额已过百亿。

二、先行一步，更具优势

蒙娜丽莎很早就意识到环境保护的重要性。

董事长萧华在佛山陶瓷产业曾赢得“窑炉大王”的美誉，很早他就提出在车间应该安装各种除尘装置，在窑炉设计时候，要考虑到环保问题，这关系到员工的身体健康，这种观点还在他奔波于各个窑炉生产线，学习进口生产线工艺，甚至更早时候，就已经有了。

石湾化工陶瓷厂，是20世纪70年代建起来的集体企业。当时这个厂提出要安装除尘系统，改善工人的工作环境。这个项目就落在了还在乡镇五金厂工作的萧华身上，他带着自己的伙伴，和厂里设备科一同设计、摸索、安装。这次经历让萧华在实践中学习了除尘系统的加工安装工艺，更为重要的是让萧华对环保问题有了一次直观的感受。那时佛山的工业企业大多还没什么规模，很多乡镇刚刚开始摸索办厂，这些厂与其说是工厂不如说是一些作坊。石湾陶瓷厂，是当时很有规模的企业，虽然这些厂在后来的发展中沉没于时代之中，但是正是这一批老厂，给了很多人最直观的关于现代企业的印象，也传递了很多关于现代工厂的知识：一个现代化的工厂，要有这些设备，要考虑到员工的工作环境。至少萧华从这次经历中，清晰地获得了这样的认知。

萧华相信，随着国家经济的发展，全社会会更加重视环境保护，工厂、员工也会越来越重视。所以从为石湾陶瓷安装除尘系统、到学习进口生产线，再到自己成为“窑炉大王”，乃至接手转制后的蒙娜丽莎，萧华从一开始就要求公司在环保上必须投入。

这种理念，在2004年以后出现的能源紧缺以及后来佛山地区一系列环保整治中，让蒙娜丽莎具有优势。虽然受制于市场、成本压力，在蒙娜丽莎的发展过程中，始终坚守这个理念，在环保上持续投入。

从2005年开始，我们的投资重点就不是增加生产线，而是不断改造生产线。通过改造生产线布局，增加环保设施，不断提升能源利用效率，减少环境污染。渐渐形成涵盖绿色产品、绿色制造的全方位绿色发展理念，在行业中确立领先地位。现在这种绿色制造能力已经成为企业核心竞争力的重要组成部分。

2007 年 7 月，蒙娜丽莎正式导入清洁生产管理模式，邀请专业机构到企业现场审核，2009 年，根据《中华人民共和国清洁生产促进法》《清洁生产审核暂行办法》《广东省清洁生产联合行动实施意见》和《广东省清洁生产审核及验收办法》的有关规定，蒙娜丽莎成为第七批广东省清洁生产企业。

2010 年蒙娜丽莎入选由国家科技部、财政部和工业和信息化部三部联合创建的"资源节约型、环境友好型"企业（简称"两型"企业）第一批试点企业，在产品结构、产出效率、资源节约、环境保护等方面都达到行业先进水平，企业资源产出效率达到国内领先水平；单位产品能源、水、原材料消耗显著降低，远低于行业平均水平；废物循环利用水平大幅度提高，固体废物基本上实现综合利用，废水逐步实现循环利用和"零"排放，废气、余热余压等充分合理利用；污染排放量大幅度降低，"三废"排放达到国内领先水平。

2016 年，蒙娜丽莎被评为"绿牌"企业（环保诚信企业），是佛山市仅有的两家。这是蒙娜丽莎首次获得环保绿牌，之后，连续四年获得环保绿牌，蒙娜丽莎成为佛山市乃至全国建筑卫生陶瓷行业唯一连续四年获得该荣誉的企业。政府部门的绿牌加持，再次佐证了蒙娜丽莎在绿色制造领域无可动摇的领先地位，也让蒙娜丽莎 LOGO 当中的那抹绿色，显得更加青翠鲜活，生机盎然。

环保绿牌，也叫企业环境信用评价，是政府环保部门根据企业环境行为信息，按照国家环保部等四部委于 2013 年 12 月发布的《企业环境信用评价办法》中具体的评价指标、方法和程序，对企业遵守环保法律法规、履行环保社会责任等方面的实际表现进行的一种环境信用评价，确定其信用等级，并向社会公开，供公众监督和有关部门、金融等机构应用的环境管理手段。依据原国家环保部的规定，企业环境信用等级分为环保诚信企业、环保良好企业、环保警示企业、环保不良企业共 4 个等级，依次以"绿牌""蓝牌""黄牌""红牌"标示。评价指标主要包括污染防治、生态保护、环境监理、社会监督 4 个方面，共计 21 小项。该评价每年进行 1 次，其中绿牌要求受评企业大项小项全部满分。

2017 年蒙娜丽莎被工业和信息化部列入首批绿色工厂名单，在行业内树立绿色发展标杆，受到业界的普遍认可，图 4–1 为绿色工厂评价证书。

这些成果对于我们来说，只是绿色发展道路上的一个个小小的标记。环保是我们在这个行业生存、发展、成长的基石，我们也相信在未来我们这个行业里，不讲环保的企业，是没有生命力的。

三、不搬迁，唯环保

“陶瓷厂员工要能够穿西装打领带上班”，这是在2008年佛山环保治理风暴中，时任佛山市委书记林元和对蒙娜丽莎的评价。

当时，佛山市委、市政府针对陶瓷行业掀起了一场史无前例的环保整治风暴，几百家企业关门停产或搬迁，就是在这场风暴当中，时任佛山市委书记林元和突击检查陶瓷行业环保整治情况，当他在蒙娜丽莎没有任何准备的情况下，突然来到生产车间，看到干净整洁的生产线时，发出了“陶瓷厂员工要能够穿西装打领带上班”的感叹，他呼吁佛山陶瓷企业向蒙娜丽莎学习，从严整治环保，减少污染物排放，还佛山市民一个蓝天白云的生活环境。

绿色工厂评价证书

证书编号：02517G0001

蒙娜丽莎集团股份有限公司

注册地址：广东省佛山市南海区西樵轻纺城工业园　邮政编码：528211

评价准则

工信厅节函〔2016〕586号

《工业和信息化部办公厅关于开展绿色制造体系建设的通知》附件1《绿色工厂评价要求》

评价范围

位于广东省佛山市南海区西樵轻纺城工业园的建筑陶瓷工厂

所涉及评价准则要求的产品、人员、设施与相关活动

经评价，蒙娜丽莎集团股份有限公司符合评价准则规定的

基础设施、管理体系、能源资源投入、产品、环境排放、绩效的指标要求，达到预期要求。

经工信厅节函〔2017〕491号

《工业和信息化部办公厅关于发布2017年第一批绿色制造示范名单的通知》

发布为第一批绿色工厂示范单位

自获证之日起12个月后，本证书与年度《监督确认书》共同使用方为有效。

发证日期：2017年09月08日

签发：

北京国建联信认证中心有限公司

建材工业节能与绿色发展评价中心

地址：北京市海淀区三里河路11号(100831)　http://www.gj-c.cn

图4-1　绿色工厂评价证书

这句话是林书记在蒙娜丽莎现场看到的景象，也向社会传递了一种认知，就是作为传统行业代表、人们印象中能耗大、污染大的瓷砖企业，通过升级改造也同样可以像高端制造业一样发展。

这对佛山的产业发展是一种启示，引导更多产业同行们思考以建筑陶瓷为代表的、高能耗、高污染传统制造业在整个区域经济发展中有什么作用，应该如何更好地发展？

这对我们蒙娜丽莎也是一种启示，绿色发展不仅要先行一步，也是陶瓷行业未来发展的必然选择。

先行一步可以让企业获得竞争优势，而从长远看，这也是这个产业发展的基本条件。

这是我们坚持绿色发展的原因所在。也可以说从那时起，我们已经认识到绿色发展是十分清晰的、不容怀疑的发展路径。

今天，蒙娜丽莎已拥有较强的绿色制造能力，先后引进和建立了国内先进的节能窑炉系统、无尘化抛光设备、废水循环系统、污水处理系统、废气成分监测系统、废气排放治理系统等系列节能减排设施，实现了主要污染物的超低排放。走进蒙娜丽莎陶瓷薄板绿色示范生产线车间，绿色的地板漆明亮如镜，一尘不染，窑炉、压机、抛光机等所有的生产设备，都被擦拭得干干净净。许多前来参观的领导、嘉宾都忍不住发出这样的感叹："没想到陶瓷厂的生产车间可以做得如此干净！"直接在车间内席地而坐，合影留念，即便是洁白的衣物，也不会留下任何痕迹。

这是十多年蒙娜丽莎坚持绿色发展的成果，是我们从战略、到产品、设备、生产技术处处坚持绿色发展的结果，也凝聚着蒙娜丽莎不断创新、勇于尝试、敢于行动的价值取向。

第二节　绿水青山的追求

践行绿色发展，蒙娜丽莎脚踏实地，讲战略，重细节，一步步把理念变成行动。经过多年的努力，蒙娜丽莎已经坚信，绿色发展是一种导向，我们的创新、产品结构调整、质量管理、工艺控制、设备管理都朝着这个目标努力。

一、绿色质量纳入企业长期发展战略

在追求质量的道路上，竞争环境的变化，环保要求的严格，市场要求的提高，还有自我突破的愿望都让我们对质量的理解逐渐深化，图 4–2 为绿色质量发展战略。

2006 年底我们研制成功第一块陶瓷薄板，2007 年薄板生产线建成投产，蒙娜丽莎对产品品质的把控上了一个大台阶，在产品升级的条件下，各项管理

制度日益完善。也是从这个时期开始，绿色发展已经开始影响我们未来发展的路径，对绿色产品的追求成为我们的重要发展方向。

2009 年前后随着激烈的市场竞争，对产品质量要求的进一步提高，我们逐步完善薄板的相关标准，在薄板的市场化过程中，我们在上下游两个方向推进整个产业由厚向薄的追求。

未雨绸缪，行稳致远。蒙娜丽莎人坚信，绿色发展是陶瓷产业的必然趋势，是行业转型升级的必然选择。

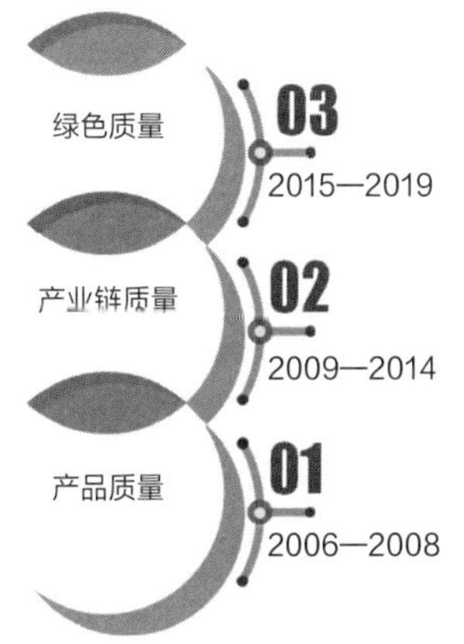

目标：带领整个行业向绿色制造方向发展。
方式：转型升级，扩大绿色陶瓷薄板/薄砖的市场份额，推动行业向薄型化、绿色制造方向发展。
2019年，建筑陶瓷行业陶瓷薄板/薄砖市场份额占到30%以上。

目标：从生产阶段向上下游产业延伸，实现全产业链绿色制造。
方式：完善产品标准、应用技术规程等技术文件和施工方法，树立样板工程，将陶瓷薄型化向上下游产业延伸，成功实现陶瓷薄板/薄砖的产业化。
2009年3月，由蒙娜丽莎主导起草的GB/T 23266—2009《陶瓷板》、JGJ/T 172—2009《建筑陶瓷薄板应用技术规程》相继发布并实施。

目标：提升产品质量，降低破损率、提高产品合格率和顾客满意度。
方式：针对生产制造环节，通过技术攻关、工艺改进、设备创新，实现陶瓷薄板的稳定生产、高效生产、形成成熟、稳定的生产工艺及产品。
2006年底，蒙娜丽莎研制成功国内第一块干压大规格陶瓷薄板；2007年，第一条生产线建成投产。

图4-2 绿色质量发展战略

今天蒙娜丽莎确立的品牌核心价值是“感受艺术，品味生活”。“感受艺术”是指蒙娜丽莎为用户提供的独一无二的个性化艺术定制，以满足用户对艺术和美学的个性追求；“品味生活”是指蒙娜丽莎坚持清洁生产和绿色制造，以高品质的产品让用户享受高品质的生活。公司为了满足绿色环保的使用需求，体现建筑陶瓷与绿色环保的有机结合，深度融入艺术内涵和人文情怀，展现建筑、陶瓷和艺术完美融合的生活空间。

蒙娜丽莎明确企业发展的愿景是在美化建筑和生活空间的应用领域，成为资源节约型、环境友好型的领军企业。

围绕这个追求，我们确立的战略重点是：

（1）加强陶瓷薄板薄型化和无机轻质板环保节能化的研发及新型环保材料的应用，持续扩大国家级企业技术中心规模建设。

（2）完善生产现场信息化管理手段，提高生产效率，降低成本，全面提升产品全生命周期的绿色、智能、艺术相融合的制造水平。

实现绿色化生产、节能减排，与“互联网 +”相融合，实现工业 4.0 智能化生产，引领中国陶瓷行业走向绿色制造、循环再利用、资源节约、环境友好的可持续健康发展道路。

优化产品质量追溯，加强生产过程的关键控制点质量控制和品质全面管理，提升产品与顾客的契合度。

（3）利用互联网技术和电商平台，持续有效推进规划品牌建设工作，提升品牌知名度和溢价能力，大力拓展海外市场，构筑全球市场格局，全面推进以激励机制和技术营销为主的营销管理机制，满足客户定制需求，提供快速客户响应服务。

我们确立的主要战略举措有：

（1）加大陶瓷板薄型化和轻量化技术的产品研发项目投入，扩大与相关院校合作，充分利用博士后工作站和院士工作站优势，全面优化应用产品设计研发系统，积极参与国际、国家、行业标准编写工作，提升公司在国内外的行业话语权。

（2）全面实施精细化绿色生产管理体系，控制产品库存周转率，改善物流管理，降低物流成本。开展生产过程中的节能和清洁生产技术和装备的研发及应用，提升节能减排水平，大力推广陶瓷喷墨打印技术和装备、无机复合产品制造技术、高导热系数陶瓷产品制造技术。

（3）持续优化全员过程品质管理控制，建立快速质量改进模式，优化产品缺陷和质量追溯系统，降低顾客投诉率，完善服务体系和质量管理信息化系统，促进企业转型升级，以数据驱动，实现透明化、信息化管理并逐步走向科学化管理。

二、产品创新，引领行业绿色发展

“绿色产品”是蒙娜丽莎绿色发展理念的最重要落地点。

1. 薄板引领行业节能

绿色产品带来的改变不仅影响了蒙娜丽莎的发展，也对整个瓷砖行业产生了深远的影响。

蒙娜丽莎很早就意识到高耗能、高排放的时代已经不适合当下的发展需求，当初决定投入成本开发薄板，最先看中的就是薄板在节能减排上的优势。

瓷砖行业能耗大，其中最大的消耗在原材料上。今天我国陶瓷砖产量占全球总产量约 2/3，出口量占据全球瓷砖国际贸易的半壁江山。如此大的产能对各种原材料的消耗是惊人的。原材料、能源、运输，造成的资源消耗、成本压力对企业来说也是日益加重。

在研发薄板初期，我们对薄板的应用前景并没有特别清晰的认识，唯一可以肯定的就是薄板对原材料成本的节约，对运输成本的节约，是非常明显的优势所在，这一个理由就足以推动我们投入这项事业，这是解决我们这个传统行业环保压力的重要路径。

一块长 2.4 m，宽 1.2 m 的陶瓷薄板，其表面的大理石花纹几乎能以假乱真，但厚度却“薄如纸翼”，仅为 5.5 mm。在性能、款式都与普通陶瓷板无差别的情况下，陶瓷薄板很好地实现了“节能、减材”的“绿色制造”。

数据显示，同样 1 t 的原材料，只能生产 23~25 m^2 的普通陶瓷，而陶瓷薄板的产量却能达到 83 m^2。此外，数据显示，在生产过程中，薄板综合能耗减少 50% 以上，废气、烟尘可减少 64% 以上，废坯废渣等更可减少 70% 以上。以我国年产 100 亿 m^2 瓷砖计算，中国建筑陶瓷业每年消耗各类原材料超过 2.8 亿 t，标准煤 5000 多万 t。这些资源消耗累加在一起，其容积相当于从北京到广州挖掘一条横断面 10 m × 10 m 隧道的土方总量，如果能扩大陶瓷薄板的市场份额或将瓷砖减薄，将大量减少资源的消耗，减少各类污染物的排放。

十多年来，我们从研发薄板，到成功实现量产，再到坚持不懈地推动产业链上不同企业共同营造薄板应用生态，蒙娜丽莎不仅在这个过程中实现了产品升级、管理升级，也带动了全行业的升级。今天国内越来越多的陶瓷企业生产薄板，整个行业越来越认识到，薄板是行业转型升级的必然选择，陶瓷薄板的产业化，对资源的节约效应是巨大的。再看今天的国际市场，在世界范围内特别是意大利和西班牙的陶瓷品牌对陶瓷薄板的推广力度和强度日益增大，越来越多的国际品牌，以各种形式加入陶瓷薄板阵营。

作为薄板研发、量产的先行者，我们担当起探索者、冒险者的角色，但是我们也通过产品薄型化，收获了绿色发展的跨越。

2. 无机轻质版实现原料循环利用

除了陶瓷薄板的研发生产以外，蒙娜丽莎还研发了无机轻质板，无机轻质板大量采用了原瓷砖生产过程中产生的抛光废料，进行循环回收，有效应用到产品的生产上。

在某些产品生产过程中，还会产生大量陶瓷废渣。如抛光废渣，综合评估每生产 1 m^2 抛光砖生成超过 2 kg 左右的抛光砖废渣，若以年产 50 万 m^2 抛光砖的生产线为例，将会产生 1000 t 左右的抛光砖废渣。

我们通过对陶瓷坯釉配方体系、坯体增强增韧、成形、干燥、施釉、烧成、冷加工等工程技术的系统性研究，自主研发国际先进水平的大规格无机轻质板生产技术，率先在我国建筑卫生陶瓷行业实现了瓷质板干压成型生产的产业化，这种板材在配方中掺入 40%~60% 抛光砖废渣、煤渣进行循环利用，实现固废物零排放。规格可以达到 1000 mm × 2000 mm ×（8~20）mm，吸水性好，强度高，有广泛的市场空间。该技术突破了制约建筑陶瓷行业可持续发展的瓶颈。可以有效实现资源能源节约、废渣循环利用，体现循环经济和清洁生产效应。

陶瓷废渣主要为废品、抛磨产物、废水净化污泥，若就此排放，会对环境造成巨大压力。将固体废料回收再利用不仅可以减少环境污染，还可以变废为宝，提高原料利用率。我们还研发在普通陶瓷砖中也引入废渣、陶瓷砖破碎粉料掺入配方，对废水进行循环使用，实现废渣、废水零排放。

3. 持续推进绿色产品量产应用

2007 年 6 月 24 日，国家“十一五”科技支撑计划重大项目“蒙娜丽莎绿色环保节能瓷质材板示范生产基地”启动仪式在蒙娜丽莎公司隆重举行，10 月 27 日正式实现批量生产。短短四个月零三天，从厂房兴建、原料配方反复调试，生产线安装调试，人员招募培训，蒙娜丽莎用最快速度推进节能产品的量产。

2009 年 5 月 20 日，蒙娜丽莎以“创新推动节能减排”为主题，二十余款最新产品全面亮相北京科博会。蒙娜丽莎不仅展出了十余款亚光、半抛、全抛光的建筑陶瓷薄板和无机轻质板，而且还展出了以陶瓷板为原材料，经过深加工形成的墙纸效果瓷板、干挂系统、天花、瓷板艺术画等新颖独特的陶瓷品，引起展会的参观人员的强烈关注和热烈讨论，成为科博会中国循环经济与节能减排论坛互动环节众多学者关注的热点。市场对节能环保的绿色陶瓷制品有了更多认识。

蒙娜丽莎的“两块板”，助推蒙娜丽莎成为国家资源节约型、环境友好型试点创建企业，并取得了显著的社会效益和经济效益。作为陶瓷薄板开拓者和国内陶瓷薄板最大制造企业，引领行业多个建筑陶瓷企业上马陶瓷薄板或薄型陶瓷砖生产线，蒙娜丽莎市场占有率仍然保持 65% 以上，企业经营绩效倍增，同时，拉动了行业上下游产业技术变革与提升。

2010 年 4 月，轻质新型建材应用技术系统“薄法施工”应用技术正式推出。2010 年 12 月，轻质新型建材应用技术系统“XRY 外墙外保温一体化节能系统”应用技术推出，该系统运用保温层“完全封闭”的做法（不燃性达到 A 级），杜绝了保温层遇火即燃的隐患；“独立板块”式构造，避免了连片燃烧快速蔓延和应力释放的难题。

2010 年 12 月，轻质新型建材应用技术系统“铝蜂窝复合板系统”篇应用技术推出，该系统拥有重量轻、隔音与隔热效果好、抗震性强、防火、防化学腐蚀、抗风化、耐气候、防污易洗等特点。比纯石材更优越，更为适用于高层以及建筑幕墙或内墙装饰。

今天，蒙娜丽莎在产品创新中，始终把节能作为一条重要指标，无论是薄板系列，还是传统瓷砖系列，都越发重视“绿色”。我们也相信，作为市场中的“领头羊”，我们的节能产品，会带动更多企业参与到绿色产品的研发中来，形成良好的互动。各种薄板、轻质板应用的推广，也会让市场对绿色产品更加认可，从而在全社会更好地推动节能减排。

三、创新节能技术，提高智能化水平

1. 聚焦生产过程

建筑陶瓷是高能耗，高污染的行业。按照生产工艺一般为：坯体配料—粉料制备—压制成型—半成品烘干—施釉—印花—烧成—磨边抛光等过程。在生产过程中，喷雾干燥制粉（湿法制粉）、半成品烘干和辊道窑烧成品生产过程中，还会产生大量陶瓷废渣。

在烧成等环节，包括素烧和釉烧等环节，要使用大量燃料，占生产总能耗的 70%~80%。由于生产过程中使用的燃料主要为人工煤气、重油、柴油，因生产工艺的限制还可能产生大量的废气和粉尘。在注浆成形时会产生固体小颗粒的粉尘；在施釉过程中产生大量废气、粉尘等污染物。可以说，几乎在每个生产环节都有改进的空间。

为了更好地实现绿色生产，蒙娜丽莎在生产过程中不断探索各种节能技术，这也是企业创新的重要方面，是提高质量的重要方面，是节约成本的重要方面。

在坯体配方方面，蒙娜丽莎不断改进产品配方，尽量降低烧成温度或缩短烧成周期。通过陶瓷添加剂改善瓷砖性能，节约原材料。在发展过程中，我们逐步改进设备，逐渐实现生产线的升级。

2005 年蒙娜丽莎对喷雾塔，进行了脱硫除尘技术改造，图 4–3 为蒙娜丽莎陶瓷烟气多种污染物协同治理设施。在此之前所有同行都是直接排放污染物的，但我们感觉到了环保的压力、市民对环境的诉求，所以就带头承接喷雾塔的改造工程。蒙娜丽莎投入了750万元进行改造，陆续将所有的喷雾塔都进行了脱硫除尘技术改造。

图4–3　蒙娜丽莎陶瓷烟气多种污染物协同治理设施

2007 年薄板生产线建成后，为了提高生产效率，我们对公司的各种管线进行了改造，不仅让各种管线和生产单元布局更加合理，提高了生产效率，也更好地实现了节约用水，减少废水排放。

2012 年，对陶瓷薄板生产工艺进行技术改造，大大降低生产能耗；同时，通过对煤气站设备进行维修改造，提高设备运行效率，采用优质原煤，提高水煤气的产气率，降低能耗。

2013年，通过对喷雾塔设备进行维修改造，提高设备运行效率，降低单位能耗；同年，通过对窑炉燃烧系统进行环保节能技术改造，所有燃气喷枪更换为预混式二次燃烧器，通过减少燃烧过程中鼓入的氧气，降低炉膛过剩空气系数，该系数从1.75降低至1.10，降低空气过剩系数，减少燃料消耗，窑炉节能可达9.79%。

2014年，对窑炉双层干燥器节能改造及窑炉尾气综合利用进行技术改造，充分利用烧成辊道窑烟气、窑尾余热对砖坯进行干燥，不再使用柴油或专门的热风炉，利用余热进行干燥。

2015年，对电机能效提升及变频节能进行技术改造，采用超高效节能电机替换原有的低效电机，同时，公司对原料车间的球磨电机和烧成车间的风机共500多台进行变频节能改造。通过变频调节电机速度，在保证工艺要求的基础上使电机在高效的状态下运行，降低电耗。采用该技术，球磨机能耗平均降低15.02%，窑炉风机能耗平均降低10.07%。

公司在南海区陶瓷企业当中率先安装大气污染源排放在线监控设备。多年来，公司投入近2亿元，进行环保治理与优化提升，对公司所有烟（尘）气进行集中处理。在公司各项烟气排放已经达标的情况下，投入5000多万元，成功完成国内首例、国际领先的陶瓷行业烟气多种污染物协同控制技术与装备并且达到超低排放，填补了国内陶瓷行业多种污染物协同控制的技术空白。

年底，蒙娜丽莎在西樵环保整治经验的基础上，采用全新淋壁除尘技术的“一站式除尘技术”版工程正式落户清远蒙娜丽莎生产基地。伴随着清远环保工程设施的投入运营，不但各项污染物排放达到最低标准，而且在行业内首次引入消白烟技术，再次成为国内陶瓷行业环保综合治理的绿色标杆。通过这一系列技改项目的实施，蒙娜丽莎的节能降耗能力得到了大幅提高。

对于企业来说，这样的技术改造，产生的收益不仅仅是节约能源，还有各种附加收益。

第一，对于原材料成本的降低十分显著，这对企业来说是很直接的收益。

第二，更好的设备也要求更精细的管理，这些和我们同步推进的各种质量提升工作有机地整合在一起，提高了产品质量。

第三，经过这样的技术改造，设备升级，员工的工作环境得到了改善，更为重要的是，在节能减排、保护环境的过程中员工们也培养起不断寻找改进点的习惯。这种工作习惯对企业的影响是深远的。

2. 越智能，越绿色

回顾我们提炼节能技术、升级节能装备的过程，基本遵循了从局部改造到整体提升的路径，直至我们不断通过智能制造达到绿色制造的目的。

对于蒙娜丽莎这样的企业来说，市场竞争压力大，竞争激烈，公司的发展，不仅要有长期规划，还要时刻应对各种新情况的出现。一次投入大量资金，进行长时间的装备升级，风险很大。所以在我们发展的早期，往往是通过局部改造逐步实现生产过程的节能环保，不断挖掘每一个生产环节节能减排的空间，提高每一台设备的效能。

随着全行业对节能减排、绿色制造的重视，陶瓷装备行业各种设备的效能也日益提升，陶瓷机械研发的重点转变为提高整机性能，实现自动化，智能化，尤其是在降低设备能耗，节能减排、环境保护方面进行提升，更好地满足客户需求是陶瓷机械产业的未来发展趋势，节能降耗装备、环境保护装备、自动化装备以及提升产品质量的装备已经是陶瓷机械研发的重点。

作为设备使用者，我们向前跨一步，和装备制造企业共同进行智能、绿色制造设备的研发，和装备制造企业风险共担，成本共担，通过这种方式实现装备升级。

2016 年 11 月，陶瓷行业首个国家级环保科技项目《建筑陶瓷数字化绿色制造成套工艺技术与装备》通过国家级鉴定。该项目由中华人民共和国工业和信息化部组织，广东科达洁能股份有限公司（现科达制造）、蒙娜丽莎股份有限公司、佛山市恒力泰机械有限公司、江苏科行环保科技有限公司联合完成。

该项目是绿色制造的系统工程。采用了全新的建筑陶瓷砖生产技术、装备、工艺和配方，技术涵盖“建筑陶瓷”“陶瓷机械”“环保治理”三个行业和领域，技术内容包括建筑陶瓷绿色制造成套工艺与技术的研发，例如，陶瓷薄板产业化生产工艺与技术的研究、陶瓷烟气多种污染物协同控制技术与装备的研发；建筑陶瓷数字化成套生产技术与装备的研发，及建筑陶瓷生产数字化管控一体化平台、远程智能服务平台、万吨级的陶瓷砖自动液压机、陶瓷喷墨打印机、超宽体节能辊道窑、全自动的大规格陶瓷板抛光生产线、全自动的高效大规格陶瓷包装线等技术与装备的研发。

项目验收时，生产线累计稳定生产超过 6 个月，其中累计生产 1200 mm × 2400 mm × 5.5 mm 大规格陶瓷薄板 80 万 m^2。采用的建筑陶瓷砖数字化成套生产技术与装备较传统装备可自动化的生产低能耗的大规格陶瓷薄板，且与传统技术相比可减少 30% 以上的生产人员。采用了全新的建筑陶瓷砖生产工艺和配方，实现了生产最大尺寸为 1200 mm × 2400 mm，厚度仅为 5.5 mm，各项性能指标完全达标的大规格陶瓷薄板。实现了建筑陶瓷砖产品全生命周期的节能环保，包括生产过程节约陶瓷原料约 50%，减少能源消耗约 40%，减少产生污染物约 60%；销售和运输过程减少运输能耗约 50%；使用过程明显降低了建筑负重和能耗，同时有效拓宽产品应用领域；报废过程减少约 50% 的废物处理量，有效提高产品回收再利用比例。此外，成果在行业内率先采用了全自动烟气多种污染物协同控制技术，处理后烟气中颗粒物、硫化物、氮氧化物、重金属及其化合物等各项污染物的排放指标远严于标准要求。

建筑陶瓷数字化绿色制造成套工艺技术与装备通过工艺、装备和集成创新，形成了一套资源消耗低、综合能耗低、污染排放低、效率高的建筑陶瓷生产工艺、技术和装备，对推进传统产业转型升级具有重要示范作用。其所生产出的大规格陶瓷薄板具有绿色环保、应用范围广、装饰效果高端大气等众多优势，而且产品在节约资源、降低综合能耗、降低排放等方面的优势凸显，推动建筑陶瓷行业逐步走向绿色化、薄型化、智能化发展之路。

这一技术成果也是我们绿色制造的阶段性总结。在提高智能制造能力的过程中，我们也更好地实现了绿色制造。

这一项目对推进建筑陶瓷产业转型升级具有重要示范作用，对节能降耗、低碳环保和生态文明建设具有积极意义，经济社会效益显著，综合技术达到国际同类先进水平，并建议进一步降低产品生产成本，拓宽产品应用范围。

2017 年 9 月，工业和信息化部公布了首批国家级绿色制造示范名单，建筑陶瓷行业仅有两家企业入围，其中一家便是蒙娜丽莎。2019 年 9 月，工业和信息化部公布了第 4 批绿色制造名单，建筑陶瓷行业共有 6 家企业入围，广东清远蒙娜丽莎建筑陶瓷有限公司榜上有名，至此蒙娜丽莎两大生产基地，全部获评国家级绿色工厂。图 4–4 为绿色工厂、绿色生产、绿色产品。

图4-4　绿色工厂、绿色生产、绿色产品

四、从技术节能到管理节能

1. 能源管理体系建设提升能源管理水平

2009 年 GB/T 23331—2009《能源管理体系要求》发布。

2013 年 1 月，广东省确定了首批能源管理体系建设及认证试点单位，决定将佛山市、江门市作为试点城市，建立以企业为主体的能源管理体系，与此同时，确定了皮革、塑料、水泥、钢铁、陶瓷共 5 个行业作为试点行业，蒙娜丽莎作为 206 家试点企业之一，依据 GB/T 23331—2009《能源管理体系要求》建立、实施能源管理体系。

在政府部门的帮扶和指引下，这次试点工作，对过去节能减排、环境保护工作做了一次总结，也是一次提升，使我们对这项工作有了新的理解。

为了建立能源管理体系，我们系统学习了国家能源方面法律法规、政策、标准和其他要求的实施。梳理现有管理体系，将组织现有的管理制度与相关的法律法规、政策、标准以及其他的能源管理要求有机结合，形成规范合理的一体化管理体系，使组织能够科学地强化能源管理，降低能源消耗、提高能源利用效率，促进组织节能减排目标的实现。

我们邀请专业团队，帮助我们建立能源管理中心，使企业的能源管理更加专业化。2013 年 8 月，蒙娜丽莎召开能源管理中心建设项目技术招标会，广州、佛山两地的三家企业参加了招标会的技术方案说明与答疑。

为了确保投标企业技术方案的专业性，我们邀请了来自北京、广州、佛山三地的 8 位能源、信息技术、行业专家担任评审，评审组组长由时任广东省建材协会会长吴一岳担任。三家竞标企业则是之前经过较长时间沟通后，从众多报名者中遴选出来的，均具有较强的技术实力及技术方案实施能力。招标会前，三家企业均与蒙娜丽莎就能源管理中心的建设要求、定位及实施等多方面问题进行了深入沟通，在多次现场调研后形成了正式的投标技术方案。

在这个过程中，我们也逐渐认识到开发和应用节能技术和装备仅仅是节能工作的一个方面，单纯地依靠节能技术并不能最终解决能源供需矛盾等问题。我们希望通过能源管理中心的建设，开始应用系统的管理方法降低能源消耗、提高能源利用效率，推动行为节能，使我们的企业能够持续降低能源消耗、提高能源利用效率。

为了建成一流的国家能源管理中心，蒙娜丽莎在国家财政专项补助 470 万元的基础上，投入配套资金 5560 万元。经过数据采集、数据处理、数据展示、硬件更新等，2014 年 1 月，蒙娜丽莎国家能源管理示范中心顺利建成并投入试运营，图 4-5 为工作人员在监测烟气监控系统。

在能源管理体系运行过程中，我们依托行业社团组织，不断向其他行业学习。2016 年 4 月蒙娜丽莎前往同一批被列为国家能源管理中心建设项目的华润水泥参观考察。跨行业学习能源管理经验，给了我们很多启发，也帮助我们不断提高公司的能源管理水平，发挥好能源管理中心的作用。

2016 年 4 月 28 日，国家工业和信息化部委托广东省工信委组成的专家组正式对蒙娜丽莎能源管理中心建设示范项目进行验收。经过几年努力，蒙娜丽莎能源管理中心项目最终达成的目标主要有 5 点：（1）建立能源数据中心；（2）建立蒙娜丽莎能源集中管控平台，这一平台实现了数据采集、过程监控、能效管理、用能优化、生产调度指挥等功能的聚合；（3）建立以实时数据库为基础的能耗实时监控系统与基础综合管理系统；（4）实现系统政府能源监

图4-5 工作人员在监测烟气监控系统

管功能，为顺利完成节能任务提供保障；（5）实现能源管理的完整信息化管理，为实现能源系统的安全、稳定、经济、高效运行管理提供一个良好的数据工具；实现了企业能耗数据在线计量采集及综合分析，为企业节能管理提供了技术支撑，具有很好的行业示范和带头作用。

能源管理中心建立后，逐步承担起整个公司的能源管理职能，我们逐步形成了一套融合计划、管理、控制、数据、信息、ERP于一体的能源管理系统，过去由执行者凭个人的经验甚至意愿来决定的工作方法，逐步沉淀为一套科学合理且具有可操作性的能源管理体系，能够大大减少工作中的随意性，提高能源管理工作的系统性和整体水平。对各项数据的持续监控，也为持续改进打下了坚实的基础。

以建设能源管理中心为切入点，全面推行能源管理体系，提升了我们能源管理的水平。可以把能源管理经验系统化，明确管理部门，建立管理标准，落实管理责任，确立能源管理考核制度。能源管理部门负责对公司能源耗用进行统计，每月进行对比分析，月初将统计分析数据呈报财务管理中心，由财务管理中心进行核算。

能源管理部门每年进行一次年度统计分析，将能源耗用是否达标情况提交总经理，由总经理每年年底召开能源耗用工作总结会议，检验年度能源耗用工作目标达成情况，对未达到的提出纠正预防措施，纠正预防措施的改善由能源管理部门负责追踪确认。每月依据能源管理部门统计的能源耗用数据，对比公司的月度能源耗用指标按比例纳入工资绩效考核进行奖惩。

我们还制定管理程序，细化员工行为，把节能意识转化为员工行为。通过专业团队的支持，细化能源管理应用方法，弥补人员能力建设等方面存在的不足，使得组织能源管理的各项目标、制度和措施之间逐步形成一个有机整体，实现策划、实施、检查和改进，不断落实全过程系统的科学监控，促进节约能源并有效降低组织生产经营成本。

2. 产品认证，产品节能常规化

能源管理为公司的节能减排建立了管理框架，细化到每一个品类的产品，我们还积极探索围绕产品生产过程的低碳、环保，并落实细节，力争让每一件出厂的产品做到低碳、绿色。通过优化能源结构、减少二氧化碳排放，保证单位产品碳排放符合《陶瓷砖（板）低碳产品评价方法及要求》；单位产品能耗限额符合 GB 21252—2013《建筑卫生陶瓷单位产品能耗限额》限定值的要求。

例如针对低碳产品认证任命负责人，确定其职责和权限，为确保低碳管理体系的建立、实施和保持提供支持。编制低碳认证管理体系文件的编制工作，确保实施和保持体系有效运行。相关部门各司其职，确保工作落实。总裁办做好公司低碳认证管理体系文件的归口管理存档工作、评审和记录、组织公司相关部门负责人及员工的培训工作。采购部根据各部门上报的采购计划，组织采购工作，对采购过程进行控制，以确保供方提供满足要求的关键原材料。节能减排办，负责生产数据以及碳排放数据的收集、整理、汇总和统计的管理工作，确保公司批量生产的产品符合《低碳产品认证实施规则 陶瓷砖（板）》《陶瓷砖（板）低碳产品评价方法及要求》《陶瓷生产企业温室气体排放核算方法与报告指南》的要求。

品质管理部负责关键原材料进货检验及验证。生产事业部负责生产过程中配备必要的能源和物料监测设备，确保产品稳定生产并符合低碳产品认证标准的要求。负责监视和测量设备控制管理工作。负责低碳认证产品关键原材料使用控制工作，保证配方科学合理。

仓管物流部等部门全面配合，聚焦产品，实现从原材料入库到产品出厂销售的全过程低碳。

聚焦产品，关注过程，实时监控数据，落实管理责任，通过产品认证这个切入点，我们对绿色产品有了更清晰的界定，对它的实现路径也了然于胸。

3. 抓细节，建标准，绿色发展无止境

改造设备、建立能源管理体系，还需要日复一日地执行。有细节的执行，也有成套的规范制度，成为公司员工的工作习惯，让工作其中的员工认识到我们陶瓷企业本就该如此干净整洁，让社会各界彻底放弃建筑陶瓷企业能耗大、污染大的印象。而这些管理的规范、执行的细节、员工的行为准则都渐渐沉淀为我们蒙娜丽莎衡量绿色制造的标准。

在蒙娜丽莎的总部工厂内，绿树成荫，大货车来往进出，却不见扬尘。蒙娜丽莎内部标准规定，厂区内扬尘颗粒物要严控在 1 mg/m^3 之内，而一般的公路扬尘颗粒物含量都达到了 3 mg/m^3。

一个标准背后是一整套管理制度。货车进出，不仅是我们自己的车，还有供应商的车，我们已经将供应商管理纳入内部制度中，进出的原料运送车辆有相应规定，待卸货后，我们会对整个车身、车底盘进行清洗，才会允许开出厂区。这一系列措施，也是为了控制厂区内的扬尘颗粒物浓度。

供应商之所以愿意配合，是因为背后还有一整套对供应商的管理制度。蒙娜丽莎优先选用绿色、环保的合作伙伴，对供应商原料放射性水平、辅助材料污染因素因子的质保能力严格把控，从生产的源头实现绿色供给。蒙娜丽莎瓷砖的原料以陶土、瓷砂、石英和长石为主，同时还有其他的天然矿物和一些人工合成的化工原料。公司对供应商提供的坯料、化工原料初步评审合格后，需要第三方检测机构出具最新的《检测报告》和物料的放射性水平及铅、镉含量的检测结果进行购前审核。在购进物料后，还要进行相关的检验和试验，做到绿色采购无遗漏、无死角。与此同时，建筑陶瓷的烧结原料选用优质低含硫煤，绝不向含硫超标的煤燃料供应商采购；切实履行社会责任，严格筛选原辅材料，尽可能使用不含重金属或重金属含量低的原辅材料，降低烟气中二氧化硫浓度，减少废气中重金属污染物的排放。

相关链接

相关方环境保护要求管理程序（节选）

5.5　相关方控制要求

5.5.1　对运输 / 基建承包方的要求

5.5.1.1　对运输 / 基建承包方均应遵守在本厂范围内不能乱扔垃圾和固体废弃物。

5.5.1.2　对运输承包方，运输车辆进入厂区时，不能超速行驶、不能在厂区内鸣喇叭及防止车辆漏油。

5.5.1.3　对于化学品的运输，车辆进入厂区时，除遵守上面的要求外，另外可参照“化学物品管理程序”。

5.5.1.4　所有运输车辆在运输过程中和厂区内应减少、杜绝废气及噪声的排放。

5.5.1.5　对基础承包方，总裁办在签定合同时应把相关的程序、工作指示和控制要求作为合同的附件；同时，在本厂区作业时必须遵守本公司的环境要求。

5.5.2　对废弃物委托处理方的要求（略）

5.5.3　对主要原料供货商控制要求（略）

5.5.4　对化学品供货商的控制要求（略）

5.5.5　对设备维修方的控制要求（略）

5.5.6　对其他合同方的控制要求（略）

（摘自蒙娜丽莎股份有限公司企业标准）

正是这样细致的管理，我们才有了执行严格标准的底气。比如，对于颗粒物、二氧化硫、氮氧化合物三个指标，国家排放标准分别是不能高于 30 mg/m^3、50 mg/m^3 及 180 mg/m^3，但在蒙娜丽莎，这一标准分别为 10 mg/m^3、20 mg/m^3 及 90 mg/m^3，而在实际生产过程中往往更低，真正实现行业超低排放。

还有末端排放被严格控制，但其实这一环保治理我们早延伸至前端和中端的管控及质检过程，也远超国家相关标准的规定。生产污水已在厂区内实现了自我循环，达到零排放；陶瓷的废坯、废釉、废渣则会被进行再造利用，融入坯体配方中，同样实现零排放。

经过多年的投入和积累，绿色发展已成为企业管理和文化理念的重要组成部分。在蒙娜丽莎的环保机制中，主管人员的环保考核指标直接与其工资、奖金挂钩；蒙娜丽莎也是南海区第一家在烟气排放口率先安装在线实时检测系统的陶瓷企业；而为了进行烟气综合治理的提升，蒙娜丽莎仅在西樵、清远两个基地排放口上的改造投入就超过 1.2 亿元。

现今，蒙娜丽莎的实际排放指标已经低于行业标准，甚至远远低于自己企业的内控标准，所有检测数据在排放中央控制室的大屏幕上都能实时显示，一目了然，并且与地方环保部门在线联网，每 30 秒就更新一次数据，一旦蒙娜丽莎的烟气排放某一指标超标，中控室内就会响起巨大的警报声，政府环保部门也能在第一时间掌握企业排放口指标的波动情况。可以说，我们在环保整治方面的标准之高、要求之严、管理之细、投入之大、效果之好，一直处于行业领先。

相关链接

公司节能宣传相关规定

本制度所称“节能宣传”是指通过公司及车间各级的文件资料和黑板报、蒙娜丽莎报等，宣传报道节能工作或节能信息，范围包括：理论文章、调研报告、经验介绍、简报信息、文艺作品等。

3.2 节能宣传工作要坚持党的路线、方针、政策，坚持正确的舆论导向，为加快节能改革、塑造节能部门良好形象、节能宣传工作要坚持实事求是、客观公正和确保节能效果的原则。

3.2.1 定期不定期制作黑板报、宣传栏、墙报，及时准确宣传节能政策、法规、规章制度等。

3.2.2 各生产车间要制定年度宣传报道计划，将节能减排纳入重大主题宣传活动，开设节能减排专题；制作节能减排宣传广告，宣传节能减排的重要性、紧迫性以及国家采取的政策措施，大力弘扬“节约光荣，浪费可耻”的社会风尚，普及节能环保知识，提高公司员工的节约环保意识。积极宣传节能先进典型，揭露和曝光浪费能源资源、严重污染环境的反面典型。

3.3　奖励范围

公司和车间各级员工获得企业报发表的，以正面宣传介绍节能法规、节能改革、推广先进经验为内容的论文、新闻等作品，以正面宣传我公司节能工作为内容的作品。

3.4　奖励标准

凡在公司的报纸上发表的以正面宣传介绍节能法规、节能改革、推广先进经验为内容的有一定篇幅的论文、新闻等作品，其作者均可享受奖励。

3.5　节能培训

3.5.1　各级车间要充分利用开早会、黑板报、内部网等宣传媒体开展节能宣传教育及培训。定期安排节能培训工作，加强对公司员工进行节能知识宣传教育培训。

3.5.2　督促公司上下节能培训工作。对新上岗的员工必须进行节能生产教育培训，未经节能生产教育培训合格的从业人员，不得上岗作业。

3.5.3　对学习教育培训的内容、时间、人员的核实，以记录、登记、签到为准。

3.5.4　公司定期或不定期检查督促车间开展节能宣传教育和工作情况。

3.5.5　公司做好年度的节能培训计划，必要时可邀请外单位的节能专家到公司来进行培训。

五、新基地，新起点

走进蒙娜丽莎陶瓷薄板示范车间，绿色通道光亮如镜，窑炉生产线被“装”到一排像高铁车厢般的红色箱子内，再也看不到纷乱复杂的管线；坯体通过自动化运输线自行“转场”，机器臂灵活地抓起生产线上的陶瓷薄板，转个“头”，稳稳地放至指定区域……在这里，全新的工艺布局、自动化的生产设备、干净整洁的生产现场，能实现让“工人打着领带穿着西装上班”，这条国内最早的陶瓷薄板生产线，是“绿色工厂”一个重要组成部分，在提高生产能效的同时，改善了整体作业环境。

而在我们新的生产基地——藤县基地，将看到更智能、更绿色的生产现场，这将是我们绿色发展的又一次跨越。

2018 年是行业去产能的一年，很多企业因为市场、环保因素等不得不关门停产，行业内新建扩建生产线的企业非常少，但是我们却在藤县建立了集团的第 3 个生产基地。2018 年 4 月 14 日，蒙娜丽莎集团股份有限公司的全资子公司广东蒙娜丽莎投资管理有限公司与藤县人民政府签署了《藤县蒙娜丽莎陶瓷生产项目合作意向书》，在藤县中和陶瓷产业园内建设蒙娜丽莎陶瓷生产项目。这一新的现代化生产基地，将极大地扩充集团的产能，提高集团当前的供应效率和产能配套效率，满足集团不断发展和销售规模不断扩大对产能配套的需求，形成规模经济，提高生产效率，降低生产成本，进而提升公司整体综合实力，增强公司盈利能力和持续发展能力，对公司未来发展具有积极意义。根据计划，蒙娜丽莎广西藤县生产基地的建筑陶瓷生产项目预计建设 11 条高端、智能建筑陶瓷生产线，年产量达 8822 万 m^2。

藤县基地建设，从一开始我们就以国内、国际最先进的生产工艺和技术装备为标准，充分利用我们在陶瓷行业科技创新、品牌渠道、绿色环保、智能制造等方面的优势，将藤县生产基地建设成科学、先进、绿色、智能、清洁的建筑陶瓷生产示范企业。带动该县陶瓷产业的转型升级，环保提升、产业链延伸，为该县发展壮大提供有力支撑，从而形成强大的示范效应，提升产业区的知名度和影响力，促进园区建设成为全国重点建筑陶瓷生产商贸综合基地，为藤县“南国新陶都”的建设描上重彩的一笔！

2019 年 12 月 27 日，蒙娜丽莎广西藤县生产基地首期工程两条生产线举行点火仪式。此举，既标志着藤县蒙娜丽莎基地建设按期完成了第一阶段的工程目标，也标志着蒙娜丽莎的发展进入了一个新的阶段，吹响了全新生产基地投产的号角。

此次点火温窑后，将进入设备联合调试和试产阶段。该项目生产线均引进高端智能设备，采用更为先进的生产工艺，生产以大规格瓷砖产品为主。该生产基地正式投产后，将大力推动蒙娜丽莎的产能规模，推动建筑陶瓷行业向绿色智能的方向发展。

2020 年 2 月广西藤县生产基地 3 号生产线（F 窑）双零吸水率全抛釉德力泰宽体窑及整线项目按计划如期投产，另由德力泰承建的 4 号生产线也于 3 月底成功投产。两条生产线的自动化、智能化水平，产品稳定性、节能、减排等各项指标均达到行业领先水平。

3 号生产线（F 窑）优等率一直维持在 95% 以上，成为工厂品质翘楚。在没有采用窑炉烟气换热器供四层干燥热风的情况下，单位平方瓷砖全线天然气综合能耗在 1.62 Nm^3 之内（含四层干燥、窑前干燥和釉线干燥），是继蒙娜丽莎清远基地后又一条宽体大产量的节能标杆窑炉，也是国内市场同类窑炉低能耗的又一个里程碑。

该条天然气宽体辊道窑（W3100/L380.1M），EM 系列四层自循环干燥是一组现代工业 4.0+ 数字智能化管理模式的高端烧成装备。突破时空限制，实现了对生产线远程高效管理和大数据云技术，把过去定性描述、经验管理转变为数据管理、数据生产的智能制造，赋能产业应用场景。其自动化、信息化、智能化技术已达业界领先水平。

这条生产线出自蒙娜丽莎长期合作伙伴德力泰，符合欧盟 CE 标准的工业设计，科学配置，不仅美观大方，且自动化程度高，运用德力泰多项具有独立知识产权的专利技术，有效保证了产品合格率和稳定性。主要生产 800 mm × 800 mm × 10.5 mm 的双零吸水率全抛釉砖，设计日产量 25000 m^2/ 天。窑炉采用流线全覆盖结构，结合优质航天级纳米隔热保温，除配以先进蓄热式烧嘴及助燃风加热节能系统、传动运行控制系统、保温加强系统的应用外，还运用了德力泰专利技术 DHR（专利号：ZL2016010992314.3）高效余热回收接力加热系统。回收余热足够供应四层干燥、窑前干燥和釉线干燥，所有干燥无需点燃烧机，实现窑炉尾部冷却“全利用，零排放”。

多层自循环干燥密封性好、干燥效率高、无破损又节约场地等，不仅性能稳定、对砖坯的低强度配方适应性好，还能快速、低温高效地为烧成提供合格砖坯。余热回收的效率及获得的效益之高是同类其他干燥窑无法比拟的。加上德力泰独创的数字化 PPC 助燃风比例自控系统和 OCE 优化燃烧节能系统的导入运行，更加有效节约燃气用量，再次创造了天然气窑炉、大产量、双零吸水率全抛釉综合能耗的全行业新低记录。

这些独有技术德力泰早已在海外项目上成熟运用，国内率先应用于清远蒙娜丽莎窑炉，并在当年创下了国内市场窑炉全线综合能耗（含五层干燥和窑前及釉线干燥）在单位平方瓷砖 1.55~1.6 Nm^3 之间的新低记录，同行也竞相研究模仿，这将成为今后行业发展新方向。

3号、4号生产线的顺利投产，图4-6为现代化的“高铁号”生产窑炉。标志着公司打造一个科学、先进、绿色、智能、清洁的建筑陶瓷生产示范企业的目标又近了一步。藤县基地是蒙娜丽莎走出广东战略布局的首个生产基地，更是蒙娜丽莎转型升级一个历史性的里程碑，标志着蒙娜丽莎新时代的开启！

图4-6 现代化的“高铁号”生产窑炉

结语

蒙娜丽莎对绿色发展，在企业成立初期就有清晰的认识。然而，随着环保问题成为整个产业发展的瓶颈时，我们更加认识到了它的重要性。我们相信，绿色理念从来不是孤立的发展理念，在公司成立早期，围绕生产线的节能减排就是我们对绿色发展的朴素理解。当我们调整管线布局时，我们的生产流程更精益了，当我们开展一项项节能改造时，提高了效益，升级了设备，产品质量也更好了。当我们把节能减排作为产品创新的目标之一时，我们不仅获得了成本优势，更得到了社会的肯定。

环保整治，不再是瓶颈，不再是政府的排放标准，而是企业的优势，我们的目标！绿色理念也是蒙娜丽莎质量管理模式的驱动力之一，是我们实现高质量发展的重要支撑力。

第五章

美，
文化品牌再升级

CHAPTER 5

蒙娜丽莎的成长过程是一步步升级的过程，跨界创新，成就了产品升级、发展理念的升级，乃至质量升级，这些积累让我们有能力迎接消费升级的到来。新的发展阶段，蒙娜丽莎对质量升级有了更高的目标：对美的追求，是成就美好生活的根本。

从陶瓷进入人类的生活，它的美就不断被挖掘。人们从来没有满足过陶瓷的实用功能，从简单的装饰图案到各种风格的艺术追求，陶瓷一直承载着人们对美的追求。追求美，是陶瓷产品的固有属性。

作为一家建筑陶瓷企业，蒙娜丽莎从诞生之日起就有着自己对美的理解。随着时间的磨砺，市场的洗礼，企业的发展，对美的理解越来越丰富。

我们相信，瓷砖是传递美、表现美的载体。它在人们的生活中，无处不在，触手可及。传递怎样的美，表现怎样的美，蒙娜丽莎虽然是一家典型的制造企业，却也为了这一追求不断思考、不断实践。

从蒙娜丽莎文化艺术馆开始，到瓷艺在各种场景的应用，图 5-1 为蒙娜丽莎瓷艺在深圳地铁应用场景，蒙娜丽莎这种直接的对美的追求和表达，给了我们清晰的目标，也以此引发我们进一步思考，一个建筑陶瓷制造业企业传承美，追求美，还要把视野放到制造过程中，放到产品的全生命周期中。在我们不长的成长史中，我们立足所处的行业，分析面临的挑战，展望发展的未来，逐渐梳理出一条仍需要不断探索、完善的路径：以绿色制造为实现路径的生态美，以智能制造为实现路径的业态美，以此为基础成就产品的美，实现人们对生活美的追求。这样的美必然是高质量的，这样的美才符合人们对美好生活的向往，这样的美装饰了人们生活，带来了艺术的享受，这样的美蕴含在每一件产品诞生的全过程中。而对这种美的追求，是漫长的过程，没有尽头，也引导着我们不断创新，不断提升，坚持不懈，担当起中国制造转型升级中一个传统建筑陶瓷企业的时代使命。

对美的追求，会内化为企业的文化一直延续下去，这种美会外化为企业的品牌，成为企业基业长青的宝贵资产。

图5-1　蒙娜丽莎瓷艺在深圳地铁应用场景

第一节　一个制造业企业的艺术基因

蒙娜丽莎虽然是一家制造业企业，但是我们所处的行业历史悠久，而且这个行业从诞生之日起，就对美有着超越其他行业的追求。这是行业的基因，它毫无疑问影响着我们的价值判断，在追求实用功能的同时，美一直是我们追求的目标。

一、陶瓷的科学美、生活美、艺术美

蒙娜丽莎出自西樵，为广东省佛山市南海区下辖镇，位于南海区西南部，是珠江三角洲腹地的一部分，也是全国重点镇、全国文明镇、国家“AAAAA”级风景名胜区、国家森林公园。蒙娜丽莎总部就坐落在这个风景秀丽的小镇上，毗邻西樵山。在石湾陶瓷的影响下，这里有着丰厚的制陶传统。

我国的陶瓷自古多出自山水俱佳之地，依托自然禀赋，更离不开一代代匠人对陶瓷工艺的孜孜追求。陶瓷艺术是公认的我国传统文化中独具魅力的艺术形式。人们早已赋予陶瓷美的属性。随着现代陶瓷工业的发展，陶瓷的美也从来未被忽视，而且一直具有丰富的内涵。

陶瓷艺术魅力独特，自古中国陶瓷享誉世界，陶瓷丰富了人们的物质生活，陶瓷一直承担着满足人们的精神享受的功能，它的审美功能在人们的日常生活中占据着相当大的比重。每件陶瓷作品都是匠人们智慧的结晶，可以说，陶瓷一直是科技美、生活美、艺术美的载体和传播者。

陶瓷是科技美的载体。这是因为陶瓷制品本身就是人类技术文明的结晶。陶瓷工艺、工序十分复杂，在陶瓷的制作过程中，原料的鉴别、胚体的造型、釉料的制作、选择，炉温能够达到的高度，炉温的控制，每一道工序的进步，往往是一个时代多种技术发展的集中体现。最终陶瓷能够实现胎质美、釉色美、甚至瓷声美可以说都是因为科技的发展和支撑。在这一领域，我国曾在漫长的历史长河中一直领先于世界，很多欧洲工匠、传教士不遗余力地来到中国学习，力图掌握这些工艺。发展到现代陶瓷工业，更是当代制造业的各种技术的集成，尤其是建筑陶瓷，在很多方面先行一步，是最早投入、普及各种自动化设备、智能设备的陶瓷细分领域。它把高端制造业的基因和最传统的陶瓷工艺结合起来，不断推陈出新，让建筑陶瓷产业焕发出别样的活力。谁能说陶瓷制品中没有凝聚着科技美呢？

陶瓷是生活美的载体。这是因为从诞生之日起，陶瓷制品就是为了生活实用而来，日用功能就是它的重要功能。陶瓷的生活美来源于生活，现实物质生活对陶瓷制品有着巨大影响。怎样的造型最方便，怎样的功能最能改善人们的生活，这些都需要现实生活的积累。也让人们透过陶瓷制品感受到生活的气息，生活的美，所以陶瓷的生活美，来源于生活。同时这种美又作用于人们的生活。人们的日常生活离不开陶瓷，器皿、建筑，这是人们日常目之所及的，它具有的艺术属性可以给人带来审美享受，在日常生活中传递美。

陶瓷是艺术美的载体。这是因为陶瓷制品给了艺术创作广阔的空间，器型、色彩、质感、肌理甚至音色，都能进行艺术创作，也都能给人们带来脱离实用功能的审美享受。这种艺术美又在很大程度上来源于生活美，陶瓷艺术是难得兼具实用属性和艺术属性的艺术形式。人们普遍的生活情趣，是构成陶瓷艺术美的基础，经过不断提炼，成就了陶瓷的艺术美。例如，各个地区的陶瓷制品，往往可以反映一个区域内人们的生活习惯以及一个地区独特的文化特征，它的艺术美，来源于生活，却又渗透了艺术家的主观情感与领悟。从而承载起更普遍的社会情感，寄托着人们对美好生活的追求。

陶瓷这种美的属性，深深影响了蒙娜丽莎的发展，并在日复一日的追求中，融入每一位蒙娜丽莎人的血液当中。在我们的成长过程中，一直在努力营造美、实现美，也对美的理解有了更多层次的认知，从而探索出适合企业持续发展的“三美”质量管理模式。

二、蒙娜丽莎品牌，致敬经典艺术

蒙娜丽莎品牌的建立、成长过程、就是致敬艺术的过程。

《蒙娜丽莎》是举世闻名的艺术品，代表着文艺复兴时期绘画艺术的最高艺术成就，其本身也是当时人文思想、科技发展的结晶。没有人文思想的发展，绘画艺术不会指向现实生活中的普通人，在普通人的生活中发现美。没有当时科技的进步，达·芬奇不可能掌握丰富的透视技法，对光、对透视关系有着深刻的理解，也就不可能描绘出逼真而又迷人的笑容。

《蒙娜丽莎》所代表的意义早已不是一幅画，它在世界各国都享有盛誉，在某种程度上，它就是艺术这一抽象概念的一种具象表达。我们以“蒙娜丽莎”这样经典的艺术品为品牌命名，从一开始就在向这样的传世之作致敬，也表达了我们对艺术美的一种追求。

这种从品牌诞生初始就带来的对艺术美的追求，决定了我们品牌的调性。品牌本身的认知度越高，就越需要与之相匹配的支撑。当我们在市场上展示自己的产品时，会不由自主追求这样的美，很难想象一个叫蒙娜丽莎的瓷砖品牌，粗制滥造，如果这样，任何一个消费者恐怕都会产生一种违和感，从而对品牌失去信心。

这样一种品牌调性影响了后来我们的产品开发，营销推广，是我们保持追求美的价值的原因之一。

第二节　一个制造业企业的艺术追求

蒙娜丽莎对美的追求，走过了从自发到自觉的过程。

从陶瓷制品的美学属性，到我们对蒙娜丽莎这样具有浓厚艺术意味的品牌的珍视，这些必然引导着我们关注美，追求美。但是这种追求带有一种自发特点，没有清晰的觉悟、计划和目标，也不能预见自己活动后果，不能明了其中的意义。这种自发的状态正是自觉性的萌芽状态。

随着企业的发展，我们各项业务稳定增长，对美的追求日渐清晰，而且越来越主动，我们开始意识到“美”是我们这个制造业企业未来很多年都值得为之努力的方向。

也是从这时开始我们有意识地、主动挖掘产品中的美，通过我们的活动，传递美。一个传统制造业企业的形象因此慢慢建立。

一、建博物馆的民营制造企业

蒙娜丽莎的这种改变，首先从外在开始。我们开始主动寻找美的载体。

2007年夏天，董事长萧华参加由佛山市禅城区商会组织的活动，前往阳江。在著名的阳江十八子刀具生产基地，他看到了一座专门针对我国传统刀具的博物馆。一个企业通过这种方式整理传统文化中的闪光点，不仅让每一个参观者对十八子的品牌产生钦佩之情，也让参观者对企业品牌有了更加感性的认识。

这极大的启发了萧华——我们为什么不能建一个文化艺术馆？在这方面我们优势太多了：陶瓷制品历史悠久，文化内涵丰富，是人们普遍喜爱的艺术品。蒙娜丽莎同样内涵丰富，无论是画作本身，还是关于作者达·芬奇都有丰富的故事可以演绎，《蒙娜丽莎》还被不断再创作，围绕这幅画的各种周边艺术品一直层出不穷。这是一座丰富的宝藏，用一座文化艺术馆来呈现这座宝藏，哪怕只是其中的一部分，都能很好地丰富我们的品牌文化。

参观后，公司上下就形成一致意见，决定建造这样一座文化艺术馆，认为这是实施文化战略的一个很好的载体。但是怎样建立却是困难重重。2000年，品牌注册成功之初，蒙娜丽莎就开始点点滴滴地收集整理《蒙娜丽莎》的相关资料。不过这距离建设一个文化艺术馆还有相当大的距离，什么样的展品既能展现陶瓷的魅力，又能展示《蒙娜丽莎》的艺术内涵；整个展厅该如何布置，对于一个制造业企业来说都是全新的问题。

2009 年 6 月 3 日蒙娜丽莎文化艺术馆正式开馆，展出面积达到 1200 m^2，馆内搜集展出了来自全球近百个国家，历史跨度近 500 年的 200 余件珍贵藏品，这些藏品都与蒙娜丽莎及其作者达·芬奇有关，定位为“展示文艺复兴和蒙娜丽莎的文化元素”，最早的文物是 1519 年文艺复兴时期的书籍，另有第一枚蒙娜丽莎邮票、第一枚达·芬奇邮票、第一张蒙娜丽莎题材的明信片等，堪称稀世珍品的诸多文物。艺术馆由蒙娜丽莎走廊、蒙娜丽莎大厅、现实主义探索通道，梦想未来、美第奇咖啡馆、列奥纳多沙龙以及雅典学院等几部分组成。在文化艺术馆的显著位置展示了 8 幅不同版本的蒙娜丽莎画像。此外文化艺术馆还创造性地运用了 560 幅达·芬奇素描稿制作了 32 m 长的巨幅陶瓷艺术台面，充分展示了我们的制造能力，堪称该艺术馆的镇馆之宝，将我们企业的特色和蒙娜丽莎文化艺术馆无缝对接。

来自东方的现代陶瓷企业、经典的西方艺术，在这样的跨领域合作中，我们感受到了一种成就，一种艺术传承的使命感、责任感和成就感。

现在来佛山旅游、考察，很多人会选择来这里看一看，因为这里有佛山制造业的成果——代表着陶瓷领先水平的建筑陶瓷板，也有丰富的历史文化沉淀。很多专业机构对我们的文化艺术馆评价颇高，2009 年中国世界民族文化交流促进会实地考察评估，文化艺术馆得到认可。开馆仅仅一年多的时间，蒙娜丽莎文化艺术馆已经累计接待社会各界人士 5 万人次，取得了良好的社会效益。

未来，文化艺术馆还将继续发展，受制于展览面积和保存条件，目前已经展出的展品仅占全部馆藏珍品的 1/6。蒙娜丽莎文化艺术馆最终将拥有一座面积超过 25000 m^2 的独立展览馆，使之成为集旅游、教育、科学、艺术、文化、餐饮、购物为一体的文化产业基地，总投资以亿元计。

二、遍布终端市场的蒙娜丽莎文艺复兴馆

陶瓷艺术是十分适合展示的艺术，在建筑装修市场上，各个品牌的现场展示可谓各显神通。很长一段时间内，建设大展厅、营销中心，把门店装修的奢

华、高档、大气是一股风潮。走进全国各大装修卖场，看到的大多是类似风格。

在这一点上，当我们意识到蒙娜丽莎与美之间的内在联系时，就不得不思考顾客最直接接触的场景，应该是什么样的。毫无疑问，它应该是最直接地传递蒙娜丽莎对美的理解的一扇窗。

蒙娜丽莎集团总部营销中心，即蒙娜丽莎文艺复兴馆，它的规模不是很大。地处西樵，距离佛山陶瓷中心石湾、南庄还有一段距离，若要来看，就要特意驱车前来。但是蒙娜丽莎文艺复兴馆却以其独特的魅力，每天都吸引着国内外客商，游人来参观考察。按照客商们的想法，其他地方虽然展厅密布，规模宏大，看 10 家跟看 1 家没有多大区别，但是在蒙娜丽莎文艺复兴馆却能看到不一样的东西。它之所以能够吸引到很多的客户，就是因为它有着独特的文化艺术魅力。我们没有叫它营销中心，而是称其为文艺复兴馆，就是希望通过这个名称，来显示我们的艺术追求。

如同文艺复兴作为一场思想解放运动，它的影响是跨时代的，它标志着一个时代的来临，蒙娜丽莎也希望在建筑陶瓷领域，能够因为不懈的努力，参与到能够改变行业发展方向的事件中，成为行业转型发展的实践者、推动者。以蒙娜丽莎为品牌整合建筑陶瓷，空间美学设计应用到文化艺术、人文科学的语言等元素，开启现代建筑装饰之美。漫步在蒙娜丽莎文艺复兴馆，除传统企业大厅常见的琳琅满目的领先产品和空间展示之外，更多感受到的是浓浓的艺术气息和久远的欧洲文化，一进大厅，巨幅的蒙娜丽莎画像，就似乎在告诉人们，这里不仅是一个营销中心，陶瓷薄板的材质完美地实现了油画般逼真的效果，而这样的艺术可以在博物馆，也可以因为科技的发展，而走入寻常百姓家。我们在这个文艺复兴馆内设置了欧式大教堂般的艺术长廊，圆形的穹顶，高大的罗马柱，洁白的大理石像，挂着一幅幅世界名画，这里有产品、有艺术、有历史。虽然文艺复兴馆是年代久远的旧楼改造，蒙娜丽莎文艺复兴馆布局上并不算宏大，但处处匠心独具，精心布置，让人过目不忘。

这间文艺复兴馆的意义还不仅于此，蒙娜丽莎在全国的终端市场的营销中心，都是以此为模版，再根据各地的特色和实际，进行细化，当总体风格高度一致，这遍布全国的“蒙娜丽莎文艺复兴馆”，就这样把蒙娜丽莎对美的追求直观、直接地呈现在了消费者面前。

2019年2月全新升级的蒙娜丽莎文艺复兴馆再次开馆，这一次以更年轻、更时尚、更国际化的流行色彩与大规格原始大板系列为主，展示了公司最新的产品系列。色彩丰富的大板展示了我们的制造工艺；定制化的瓷板画彰显的是艺术的个性；还有精心设计的配色。文艺复兴馆的整体面貌虽然有了变化，但是我们所追求的艺术的格调却没有变。

移动互联时代，企业的营销中心、终端卖场店，早已不是一个简单的展示、售货空间，而是价值交换方式和新生活的一种表现形态。每一处精心打造的场景，营造的都是一个憧憬、一种梦想、一种当下或未来拥有产品后的美好生活的想象空间。

这种体验式的场景思维，就是把商业运营中的一切还原到以人为中心，做人事、说人话，令人更舒爽的一种思维模式。与之相应的，传统商业模式中常谈到的品牌、营销、渠道、设计、研发、市场、公关、销售和链接方式等也正在被场景重新塑造。新的体验，伴随着新场景的创造；新的需求，伴随着对新场景的洞察；新的生活方式，也就是一种新场景的流行。图5–2为“大千万象”获“省长杯”工业设计优秀奖。

2020
省长杯
工业设计大赛
Governor Cup
Industrial Design
Competition

广东省第十届“省长杯”工业设计大赛
The 10th Guangdong Governor Cup
Industrial Design Competition

获奖证书
AWARD CERTIFICATE

项目：
《大千万象》陶瓷大板
组别：产品组
奖项：优秀奖
参赛单位：
蒙娜丽莎集团股份有限公司
主创设计师：许雪娇
设计团队：莫伟江、程长志、曾昭赞
刘　晨

广东省
第十届“省长杯”工业设计大赛
组委会
The Organizing Committee of the 10th Guangdong
Governor Cup Industrial Design Competition
二〇二〇年九月
September,2020

图5–2　“大千万象”获“省长杯”工业设计优秀奖

三、“众创”瓷艺

蒙娜丽莎瓷艺馆是蒙娜丽莎旗下子公司，是广东蒙娜丽莎创意设计有限公司单独运作的一个事业部。这个事业部所做的业务或许没有其他产品带来的销售总量大，但若以每平方米瓷砖的产出来说，却是远远超越其他产品。他们专攻的正是瓷艺画，这个瓷艺馆里展出的正是可以代表蒙娜丽莎水平的各类瓷艺作品。馆藏约 200 幅陶瓷艺术作品，并分为：装饰画区、工程案例区、家居背景墙区三大区域。

研发、量产陶瓷薄板，蒙娜丽莎可谓开拓者，如何利用薄板的性能，更广泛地应用薄板也是我们一直思考的问题。艺术，可以说给陶瓷薄板打开了另一扇窗。利用现代喷墨打印、微雕、彩雕、切割、高温烧制等各种工艺，可以制作各种精美绝伦的、个性化的瓷艺画。

这种瓷艺画，可以做成挂画。消费者可以选择自己一副喜爱的作品，利用喷墨打印等高科技装饰手段，以逼真的效果，细腻的质感，艳丽的色彩，将其栩栩如生地复制在陶瓷薄板上，再配以精美的画框，无论是悬挂在宴会厅会议室办公室，还是家居空间，都很有质感。也许会有消费者认为，这样的画和直接挂一幅油画有何区别？瓷艺画更容易清理，也不易损坏，不必担心南方的梅雨、潮湿，也不必担心北方的干燥，即便在浴室、厨房这样的特殊环境中，瓷艺画也不会损坏。

背景墙是蒙娜丽莎创意设计公司适应现代装饰潮流开发的一类新产品，这给陶瓷薄板的应用拓展了新空间。沙发背景墙、餐厅背景墙、卧室背景墙，一面墙就是一幅画，这样的装饰效果，过去有的用墙纸、有的用各种材质拼接，而现在直接用陶瓷薄板来制作，不仅更为简单，而且消费者可以有更多个性化的选择。可以自己选择工艺，自己设计，可以制作纯平面图案，也可以制作成 3D 拼花，当然消费者也可以带着自己喜爱的作品参与到设计创作中来，甚至可以自己创作一幅“仅此一幅”的背景墙，充分彰显自己的品位，“让我的家独一无二”。

这样一种深度互动，把更多的创作空间留给了消费者，是一种全新的模式，可以说，瓷艺画的创作主体不再只是企业，而是更广泛的人群，包含消费者，还包含其他各种专业机构，蒙娜丽莎积极与相关高等院校开展产学研合作，先后成立了景德镇陶瓷学院蒙娜丽莎创意工作站，岭南书画院，文化产业发展基地，佛山科学技术学院产学研研发基地等，利用社会力量提升蒙娜丽莎瓷艺画的艺术价值和市场影响力。

创作主体的增加，原有的运行模式也要有相应的改变，背后是我们强大的服务能力、制造能力、技术创新能力。目前，创意公司的背景墙项目已通过蒙娜丽莎瓷砖和 QD 瓷砖的销售渠道，面向终端消费者，受到了市场的广泛好评。

户外瓷艺画则是我们独有的大型装饰画产品,它充分发挥了陶瓷薄板的大、轻、薄、韧等特点，赋予大型户外建筑独特的文化艺术魅力。几年来，由集团艺术总监陈捷等亲手绘制的大型瓷艺画广受欢迎。如今内蒙古鄂尔多斯乌兰木伦《昭君出塞》《草原英雄小姐妹》，安源工人纪念馆《毛主席去安源》景德镇机场外立面等大型瓷艺装饰画都成为当地一道风景。此外，深圳地铁、武汉地铁、成都地铁、西安地铁、江门新会区隧道等诸多大型工程都选用了我们的大型瓷艺装饰画。

2020 年 8 月 18 日上午，深圳地铁 6 号线正式“开门迎客”，自此深圳光明区大跨步迈入“地铁时代”。运营首日，乘客热情高涨，纷纷在站厅、车厢内“打卡”拍照。地铁 6 号线一期线路全长约为 37.85 km，起于深圳北站终于松岗站，全线共设 20 座车站，其中一期工程设 15 座高架站，5 座地下站，其中有 8 座换乘车站，每一个站点均有蒙娜丽莎创意公司完成的独特艺术景观，吸引不少乘客驻足欣赏。

早在 2016 年，广东蒙娜丽莎创意有限公司就已参与了概念性的“深圳地铁美术馆”构建实施，用艺术展的理念驱动地铁文化艺术建设。在满足功能需求的同时，“深圳地铁美术馆”更好地体现深圳包容、开放的城市精神。从第 1 期的“构建”到第 2 期的“对话”主题，“深圳地铁美术馆”的影响力不断增强，形成不断更新的深圳地铁文化艺术现象，产生的公共艺术作品不但展现地域文化及公共精神，还融合了创新的表达和对未来的畅想。

第 3 期的展览由广东蒙娜丽莎创意设计有限公司、深圳市公共中心联合策划执行，在地铁 6 号线深圳北至松岗站点中呈现。为确保公共艺术作品的开放性及多元性，此次展览延续前两期执行方式，公开召集 20 位艺术家与相关设计策划人员（建筑设计、室内设计、平面设计、灯光设计）组成创作团队，共同完成“艺术 +”主题展览。此次展览策划以艺术家为核心，除保留墙面形式的 5 个地下站外，打破以往“艺术墙”的思维界限，以 15 个高架站为焦点，综合考虑安全性、功能性、艺术性、可实施性等因素，将雕塑与座椅设施结合的形式介入站台空间，实现作品艺术性的同时，展开作品的多元性探索，打造中国地铁艺术史上首次以功能性雕塑、装置为切入点的公共艺术展。

穿梭地下空间，眺望宇宙星辰。这不是书中的天方夜谭，而是深圳 6 号线“地铁美术馆”的创意表现，图 5–3 为深圳地铁 6 号线“地铁美术馆”。20 个站点打造艺术墙、艺术座椅，让市民与文化艺术“零距离”互动，营造富有地铁特色的“都市诗意”。

图5–3　深圳地铁6号线“地铁美术馆”

瓷艺馆作品

走进瓷艺馆，首先映入眼帘的是这幅长 14.15 m、高 1.8 m 的瓷艺画。它是蒙娜丽莎创意公司专为成都地铁所创作的大型壁画，展示在博物馆内的是其中一段实景精华。独特的彩雕工艺，让所雕刻图案活灵活现，梦幻的星空和栩栩如生的恐龙，让人瞬息重回远古时空。

2016 年，成都地铁特邀蒙娜丽莎创意公司为 7 号线中 8 大站点（金沙博物馆站、太平园站、驷马桥站、理工大学站、一品天下站、狮子山站、西南交大站、九里堤站）“扮靓靓”。川蜀最独特的文化底蕴、民俗风情、典故传说都被浓缩进了一系列的主题瓷艺壁画中，平平无奇的地铁站美成了一座地下艺术馆！

馆内还有另一面还原成都地铁 7 号线一品天下站内的《川味美食演义》壁画。

馆内的另一镇馆之宝，是根据收藏在南海博物馆中的《清代南海风情图》精细还原的瓷艺画。这幅作品总长 19.8 m，采用高温工艺（该工艺特别适用于户外壁画的制作）铸造而成。疏枝细叶、人领衣袖、垂髫纹理……名画中的每一个细节之处均被精细还原，让人难以相信眼前的是一幅工业品。

即便是清明上河图，也能被完整、真实地还原出来。如果你站在画作跟前，一定会被它磅礴的气势和工艺的智慧所震撼到。

还有采用了浮雕工艺的古代仕女图瓷艺画，把仕女发鬓上的丝丝缕缕都刻画得层次分明，让人注目难离。

馆中最经典的“油画区”，展示的瓷艺画范围涵盖了中外从文艺复兴时期到近代的经典油画名作。以独特的形式将画作的肌理和色彩真实还原出来，展现了艺术奇妙之处，给予游客强烈的视觉冲击和感受。

从建文化艺术馆，到终端文艺复兴馆的艺术呈现。还有我们生产的产品，不再只是一件实用品，在承担实用功能的同时兼具其陶瓷的美学功能，我们注重产品的艺术性，这是我们对美的直接理解。

在长期的实践过程中，我们慢慢也意识到，只是单纯的追求产品的美，并不一定能够达到预期的效果，我们需要关注的是更深层次的美的内涵，更广范畴中美的意义，只有这样才能实现企业的持续发展。

第三节 美，最高的理想

回顾企业发展的过程，实际始终在解决发展中出现的问题。美是存在于人们认知中的，而我们这样一家企业，追求美，需要仰望星空，也要脚踏实地。

如同达·芬奇呈现蒙娜丽莎的微笑一般，背后的付出和积累才是让我们可以获得启发的。《蒙娜丽莎》虽是一幅小画，创作时间却十分漫长，这幅画作达·芬奇晚年带在身边多年，不断完善，直至呈现出那迷人的微笑，神秘的微笑。他的绘画技法，也是在前人实践总结的基础上进一步完善；他的画作凝聚着那个时代人文主义的觉醒；也具象地表达着那个时代的思潮。达·芬奇知识渊博，充满想象力，对世间万物充满好奇，他能发现人体的比例，钻研人的动作，观察人的表情，看到骨骼、看到动感、看到光的变化，在他自己的评价中，绘画不过是一项附加的技能，并不是他最自豪的能力。只是，美是可以穿越时空而打动不同时代的人心的，但谁又能说，不是达·芬奇具备的其他各学科的丰富知识和技能才成就了他的绘画艺术呢？或许美，对于达·芬奇来说是自然而然实现的，成就美的则是背后更丰富的思想和技能。

对于一个制造业企业来说，以一种艺术的表达来传递美，装点人们的生活，是我们看得见的。但这背后，智能制造为我们创造美提供了更多的可能，绿色制造让产品的全生命周期内有了更深层次的美；这些还需要创新的飞轮，人才的飞轮，管理的飞轮一起驱动，才能实现这样的美。

一、智能制造为创造美提供了无限可能

美，对于我们建筑陶瓷来说，很多时候是由现有技术条件决定的。

当人们的消费需求提高，更多人从只追求外向炫耀型消费，发展到也追求向内的自我取悦型消费。对瓷砖的色彩、质感，人们的要求越来越丰富，跟风越来越少，多了更多自我选择。这样的市场，需要更多高质量的新品，需要企业有更强的研发能力，更高效的制造能力，更完备的品质保障能力。消费市场的美，需要我们不断提升制造能力。

传统的千篇一律的产品已经很难满足消费者需求，大规模、批量化生产与客户需求的相对短缺矛盾日益突出，尤其是客户需求的个性化和高端化，倒逼着传统企业开始转型升级。

这本是制造业中不可跨越的矛盾，一直以来，制造业企业的成本优势很大程度上是靠拼产量形成的，小批量意味着高成本，个性细分品类很难实现。智能制造的重要目标就是可以实现基于柔性制造的大规模个性化定制，这是全面综合了企业成本、质量、柔性和时间等竞争因素的情况下，有效解决了需求多样化和大规模制造之间的冲突，为现代制造企业提供了一种全新的竞争模式。

这也是蒙娜丽莎努力的方向。为了满足小订单需求，我们对智能化装饰工艺及装备技术进行改造升级。引进并改造最新型的数码喷墨花机及釉线配套设施，只需通过简单的电脑操作即可完成转产，能够灵活处理各种不同批量及品种的订单，更加适合陶瓷装饰时装化、个性化、多样化的发展趋势。

21 世纪初，就有学者提出建筑陶瓷产品和时装产业十分相似，应该是基于消费者属性的差异化竞争，之所以这么多年来很少有建筑陶瓷企业践行这一战略，也是受企业技术水平限制。在技术条件不允许的情况下，很难在细节上实现差异化，很难快速实现产品迭代。梳理瓷砖从生产到消费的全过程，差异化可以体现在产品品质、花色设计、物理性能等，在运输、装配环节，差异化体现在企业能提供的专业技术服务上。图 5-4 为行业领先的双层窑炉岩板生产线举行点火仪式。未来的建筑陶瓷，可能像时装一样不断产生潮流，不断产生新花色。

图5-4　行业领先的双层窑炉岩板生产线举行点火仪式

经过产品结构的不断调整与优化，建筑陶瓷行业依靠智能制造，开始了一场新的革命，产品迭代速度持续加速，定制化生产能力迅速提升，市场细分达到空前水平，差异化竞争到了白热化局面。对我们来说，不断提升智能制造能力，是应对差异化竞争的必然选择。

二、生态美，全生命周期的美

美不仅是最后的呈现，如果过程不美，那就不是真正的美。在产品的全生命周期中，爱护环境，尊重自然，是产品美最重要的体现，是我们追求的最重要的美的一个方面。

消费者和公众对美的理解越来越深刻、也越来越丰富。人们讲究个性，不盲从，不跟风，但是在环保问题上，社会已经普遍形成共识。保护环境，几乎是每个公民的共同责任。特别是中国在改革开放 40 多年以来经济实现高速发展的同时，在一些领域、一些产业不可避免地形成污染问题时，社会公众对环境保护，资源能源高效利用都有了更深层次的认识。政府部门对污染企业实行了前所未有的监控、管理，政策导向从未如此清晰；在社会公共服务中，从自媒体关注 PM2.5 到现在几乎所有的气象服务都会播报每天的空气污染指数，不过就是几年时间，可见政府、公众对环保问题的认知都十分清晰，且都积极改进。

保护环境是我们建筑陶瓷行业的共同责任，也是我们每个建筑陶瓷企业的发展之基，对于这一点我们早就有了清晰的认识。当我们开始追求产品的美的时候，我们开始意识到绿色制造，也是我们追求美的一部分。就像人们不会穿血汗工厂生产的鞋一样，越来越多的人不愿买高污染的瓷砖。我们追求的美，不可分割的包含着产品全生命周期的生态美。供应链、生产过程、产品的循环利用，每一个环节的不断进步，才能呈现这样的生态美。

这样的生态美是我们实现产品美的支点之一。

在实现生态美的道路上，过去我们小步快跑，在现有的设备、技术条件下不断升级改造设备，提高能源利用效率，减少三废排放，探索循环经济。

经过一段时间的积累，我们正在实现新的跨越，新的藤县生产基地，从厂房布局设计开始，就把绿色制造放在首位，实现全面升级。管线布局、厂房节能设计、废水处理设施、废气排放设施，以及整个生产过程的各种数据控制，藤县基地达到了绿色制造的领先水平。

三、跨界创新传递生活美

随着人们生活水平的提高，对居住的需求正在被重新定义，特别是年轻人的消费观念正在发生变化。过去家装购买行为频次低，一家人几十年攒钱买的房子，也就新房装修集中花一次钱。过去家装行业的快速增长，还是靠搭上了房地产的快车。但这两年，房地产市场国家调控，各种数据都表明行业发展速度正在减缓。

但是存量市场又在发生变化，住了多年的旧房要改造这种观念，在老一代消费者眼中可能有些浪费，但在年轻消费群体中已经是十分常见，人们对生活品质的追求逐步提高。这就是新的驱动力。

另一方面，年轻的 90 后，开始需要自己的独立空间，这一代人的需求和上一代人的需求正在发生变化。中国消费者越来越有自己的个性，也越来越理性。当我国人均 GDP 跨入万元美金行列，人们也会越来越追求生活中的美，寻求生活品质的提升。

而供给侧的矛盾在于虽然现在越来越多的企业都已经关注到这一点，加大产品开发力度，不断提升呈现这种美的能力，但仍需时间和积累。蒙娜丽莎之所以可以较好地传递这种美，是企业长期积累、优势整合的结果。其中最重要的核心是蒙娜丽莎的融合创新能力。

1. 设计与科技并举

以瓷艺画为例，图 5–5 为蒙娜丽莎瓷艺画应用场景，现在佛山陶瓷行业涉足该领域的已经很多，蒙娜丽莎的瓷艺产品有几个显著的特点：

一是集团公司拥有深厚的品牌内涵和文化底蕴，拥有一批专业的创作设计团队，作为制造业企业，我们高度重视设计，就是看中了美对于我们产品的意义。公司非常注重原创，注重知识产权的保护，签约艺术家，确保他们创作出高水平的艺术作品。

二是蒙娜丽莎陶瓷薄板的物理性能和施工工法保证了大型瓷艺画的效果。规格大，质量轻拼缝少，大型瓷艺画拼装出来，整体效果非常好。陶瓷薄板又薄又韧，仅有 3.5 mm、5.5 mm 厚，制作大型瓷艺画更加轻便。

图5–5　蒙娜丽莎瓷艺画应用场景

作为一个制造业企业，我们不仅拥有一流的设计团队还有着一流的科创团队，才能支撑我们的瓷艺画行业领先水平。

2011年，深圳大运会期间需要对地标性地铁站进行装修打造，投资方首先邀请我们参加招投标，根据深圳地铁的设计要求，蒙娜丽莎执行团队将委托方设计的戏剧脸谱壁画进行制作。

由于高温烧制会对陶瓷颜料有分解，对于烧制过程中可能会产生的问题，我们会针对不同的应用场景采取不同的制作工艺。如深圳地铁，我们就采用UV喷墨打印的形式予以体现。虽然相比高温烧制，UV喷墨打印的陶瓷壁画在紫外线照射下会慢慢褪色，但由于地铁站内紫外线相对较少，完全可以满足室内陶瓷壁画装饰的要求。

2009年，蒙娜丽莎主要起草的行业标准《建筑陶瓷薄板应用技术规程》和国家标准《陶瓷板》相继发布实施，也为其进军、拓展陶瓷艺术壁画市场奠定了技术基础。相比石材表面有很多细孔不方便后期清洁，玻璃材质存在不容易上色、易破损等因素外，陶瓷薄板凭借其韧性大、烧制颜色可长久保存等特点，成为大型户外壁画的首选材质。

相对于其他材质，搪瓷版无法烧制，只能通过喷涂实现上色，而陶瓷板经高温烧制后可实现永久不褪色，加上地铁人流量较大、空气不流通等因素，陶瓷板抗冲击、耐酸、耐碱、耐磨、耐污等特点也让陶瓷艺术壁画的安全系数更高。在此基础上，结合微雕、彩雕、喷墨打印、材料混搭等方式，大大丰富了陶瓷艺术壁画的表现形式。

另一方面，装饰面板后面“藏”有大量通信、照明、消防等线管，陶瓷壁画轻便简易的装置能让检修人员使用“玻璃吸”就能轻易将一个个板块卸下来，检修完同样可轻易便捷地恢复原状。

对不同场景下的瓷艺壁画，我们也根据设计尝试不同的工艺。例如，武汉地铁的瓷艺壁画由陈捷和一位天津艺术家耗时约一个月，通过直接在陶瓷薄板上手工绘制再进行高温烧制的方式来打造。在烧制前还需将一块块陶瓷板做好拼接。

但手工绘制的方法也加大了工程量。为了避免安装环节出状况，我们需要烧制两套，留一套做备用。加上耗时较长，这也在一定程度上增加了成本。

现在，在过去制作的经验基础上，蒙娜丽莎制作的瓷艺壁画多是采用电脑设计，通过工艺技术的改进，结合喷墨打印、堆雕、微雕等工艺，并复合玻璃等各类金属石材，根据具体需求实现各式各样的效果。

2. 人文为底呈现美

在成都地铁一号线天府三街站内，飞翔的白鸽、充满奇幻色彩的热气球、直通云霄的天梯与插上梦想翅膀的孩子……壁画《梦想之境》吸引了不少旅客驻足留影。

这天府三街站颇具现代艺术感的特色陶瓷壁画，出自我们之手。

不仅是天府三街站，蒙娜丽莎还为成都地铁一号线、三号线、七号线共15个站点，制作了20幅不同主题的陶瓷艺术壁画。还有西安、武汉、深圳、哈尔滨等在内的国内12条地铁，100多个站点“穿”上了极富城市特色和文化韵味的蒙娜丽莎陶瓷薄板和蒙娜丽莎艺术壁画“新衣”。

这100多个站点，站站有特色：

“下一站是‘熊猫大道站’”。走出地铁车厢，一片翠绿静谧的竹林与大大小小、憨态可掬的熊猫映入眼帘。作为成都地铁线网中距离大熊猫繁育基地最近的车站，熊猫大道站内通过壁画与仿竹子立柱的设计形式，营造出“竹林深深深几许，竹丛深处有熊猫”的意境。这些可爱的“和平使者”，不仅成为具有中国特色元素的文化符号，还向世界各地的友人传递和平友谊。

成都市新都区泰兴镇官方微博“宜人泰兴”发布微博：“公布三号线熊猫大道站、红牌楼站、省体育馆站等艺术打造重点站的设计思路和设计过程。每个站在艺术设计上都曾几经修改，其中最受期待的站点熊猫大道站，经历了20多次修改，才有了最终版本。”

还有驷马桥站、新南门站、红牌楼站……每个站点都结合站名本身包含的文化内涵与当地民俗风情、文化特色、典故传说进行再创作，通过艺术壁画、木材、金属等多种材质的混搭、多种工艺的融合，为成都增添了一道靓丽的风景线，开启一座城市的“文化艺术之旅”。成都地铁三号线一期车站的7个站点，打造出成都地铁“最具文化范儿”的一条线路。

早在2011年，1000多千米外的深圳地铁最早出现了蒙娜丽莎艺术壁画的身影。在深圳地铁一号线上，大剧院站内6个脸谱画像格外显眼。“绿脸侠骨义肠、性格暴躁；蓝脸坚毅勇猛、桀骜不驯；黑脸铁面无私、威武莽撞……”配上简洁的说明，国粹脸谱的精华释义简洁明了。

二号线上的新秀站内，大型陶瓷艺术壁画《冬季牧歌》所展现的乡村冬季风貌视野辽阔，祥和安静。可以看到，连片的水塘清澈幽静、牛群朝同一个方向走去……略略泛青的陶瓷工艺将画卷展现得淋漓尽致。

以成都地铁三号线红牌楼站为例，站内的大型陶瓷艺术壁画重现了红牌楼牌坊的盛景。通过鲜明的色彩和 3D 外立面的艺术表现形式，把蜀王建坊迎接西藏前来送贡礼的景象及做生意的藏族同胞刻画得栩栩如生。壁画中的藏族同胞身穿藏族特色服装欢快起舞，蜀国人则骑着白马，前去牌坊迎接远道而来的客人。与红牌楼站相邻的高升桥站则采用与诸葛亮相关的典故作为创作元素，以时代风云变幻作为壁画背景，表现诸葛亮出师慷慨激昂的故事画面。

这些站点的成功，背后是蒙娜丽莎强大的设计能力，作为一个制造业企业，我们早已拓展自己的设计能力，这种设计能力不仅是简单的造型能力，还有丰富的文化积淀。蒙娜丽莎之所以可以成功切入地铁壁画市场，就是能把握当地独有的历史文化元素，以此打造独特的城市名片。事实上，早在 2009 年，蒙娜丽莎就针对瓷艺产品专门成立了广东蒙娜丽莎创意设计有限公司，并作为单独的板块，进军大型空间美学艺术市场。

另一方面，产学研合作为打造大规模地铁壁画工程奠定了基础。成都地铁一号线天府三街站内的两幅大型壁画《梦想之境》《梦想之旅》就是典型代表。这两幅陶瓷艺术壁画是广东蒙娜丽莎创意设计有限公司与佛山科学技术学院“产学研”合作的成果，由陶瓷（珠宝）艺术设计学院院长裴继刚与蒙娜丽莎艺术总监陈捷带队进行设计创作。建设单位要求企业结合每个站站名的由来、当地的历史、文化、传统等拿出详细的设计方案，同时还要提供包括生产、制作、加工、材料、安装等系列服务，这对供应商的原创设计水平和综合施工能力提出了较高的要求。

在成都地铁投标前，蒙娜丽莎创意设计团队进行了近一个月的筹备创作工作，对 8 个站点绘制了大量的创意设计初稿。在长达半年的投标与前期创作过程中，项目团队多次飞抵成都与地铁公司相关负责人进行创作汇报和沟通。经过近百次的反复沟通和创意完善，项目团队最终于 2015 年 4 月确定了地铁一号线的设计及制作方案，并于6月中旬完成了地铁三号线的创意方案定向工作。

3. 设备、技术、研发成就美

传递生活的美，蒙娜丽莎在设备上加大投入。这些新设备和我们原有的技术能力，研发能力强强联合立刻产生出丰富的“化学反应”，推出令人眩目的陶瓷砖。

全抛釉是继抛光砖、仿古砖之后，市场热销的又一类全新品类，这种独特的釉面砖采用了可进行抛光的特殊配方，釉面经过抛光之后光洁平整明亮如镜，同时它又采用了釉中彩工艺，其花色图案丰富，色彩绚丽，既可以仿石、仿木，又可以超越仿古砖的色彩纹理和质感，业内人士普遍认为全抛釉产品图案细腻，色彩丰富，层次感强，不是石材胜似石材，既具有瓷质抛光砖光亮的特性，又具有釉面砖丰富的色彩图案。

2010年蒙娜丽莎推出全抛釉新品“罗马春天”，由于采用了国际先进的滚筒印花技术，色彩丰富艳丽，图案细腻逼真，很快就成为集团公司的热销产品。“罗马春天”被万科地产等大型房地产企业采用，销量一飞冲天，引来了很多模仿者，但是因为“罗马春天”在表面装饰工艺拥有多项核心技术，因此能够做到与“罗马春天”一样品质和效果的企业几乎没有。

除了滚筒印花技术，我们还是第一批将喷墨打印技术运用于全抛釉砖开发的企业。2009年9月杭州诺贝尔引进了西班牙陶瓷装饰喷墨打印机，推出喷墨瓷砖的企业，自此拉开了中国建筑陶瓷业喷墨打印、喷墨印刷的序幕，随后佛山产区另一家企业也引进了喷墨打印机，推出了3D喷墨打印瓷片。眼见一股新潮正在形成，但蒙娜丽莎的研发人员没有盲目跟进，因为这些企业对喷墨打印的应用局限于瓷片花色的更新，通过打印的瓷片，花色立体感增强了很多，但产品附加值毕竟有限，能不能将喷墨打印应用于市场上热销的全抛釉产品呢？带着这样的探索精神，公司经过多方认证，在2010年蒙娜丽莎从泰威公司购进一台喷墨打印机，开始了在600 mm × 600 mm全抛釉产品中进行应用，经过一段时间的尝试，终于达到了理想的效果。2011年8月第二台喷墨打印机成功应用于800 mm × 800 mm抛釉砖的生产。在佛山的陶瓷行业，这两个规格的全抛釉砖都是蒙娜丽莎率先应用喷墨打印技术。今天喷墨打印应用于全抛釉生产已经成为行业的一个普遍现象，但当时，我们的探索，对全行业是有引领作用的。

蒙娜丽莎对喷墨打印机技术其实相当熟悉，也因此才敢大胆尝试将它运用于全抛釉产品的生产。全球著名的喷墨打印机生产企业西班牙快达平公司的第一台 800 mm 宽幅面喷墨打印机就卖给了蒙娜丽莎，国内领先的喷墨打印机生产企业上海泰威公司其第一台 600 mm 的喷墨打印机也卖给了蒙娜丽莎，佛山大型喷墨打印机生产企业美嘉公司其第一台 1000 mm 幅喷墨打印机也是卖给了蒙娜丽莎。和购进其他首套设备一样，蒙娜丽莎总是敢于冒险，敢于尝试，敢于在旁人没有做过的领域，开辟出一条全新的道路。

2015 年 3 月，我们又成功研发出行业最新喷墨渗花仿石通体瓷质砖——“罗马宝石”，再次掀起了新一轮行业变革的风暴。“罗马宝石”系列拥有较为坚硬耐磨的物理特性，真正做到了以科技传承顶级天然石材之美，和传统的抛釉砖相比，“罗马宝石”系列由内而外立体还原天然大理石纹理与质感。由于这款产品采取了多种创新工艺的叠加，从而打破了行业同质化的困局，是瓷砖行业模仿天然名贵石材的大成之作。2016 年 1 月，公司一口气推出了玫瑰米黄、海浪灰等 11 款“罗马宝石”，其独特的花色，图案和质感一亮相就赢得销售商的一片叫好。

相关链接

卡拉拉白，设计灵感源自意大利，以全白色为底，黑色线条点缀而成，装饰效果大气高雅，产品拥有自然流畅的高贵纹理，拥有最接近天然石材的特性，新型多维通体布料技术，坯体更致密厚实，具有卓越的原石体验。

海浪灰，设计灵感源自伊朗，带着大海的咆哮与伟岸，排山倒海般呼啸而来，势不可挡，惊天动地。海的气息、海的风格、海的傲岸，一一呈现于砖面。这种独特的灵感与设计，超高清镜面光泽度，是瓷砖行业石材回归与技术革新的完美结合，色彩纹理更加天然，纳米晶面抛光技术的应用让触感温润柔和。

翡翠玉，设计灵感源自意大利，拥有细腻柔和的色调和舒展的云纹线条，自由而又清晰的石纹肌理精妙变幻嵌入石体，采用全球顶级数码喷墨渗透技术，由内而外，于立体之中还原天然名贵石材色泽质感，倍添灵动，色泽更焕发奢石光感。

四、融合积淀“三美”模式

随着建筑陶瓷行业的发展，整个行业开始进入转型发展期。2011 年开始，我国建筑陶瓷产业就进入稳定增长期，2015 年甚至首次出现了负增长。据统计，2015 年，陶瓷砖产量为 101.8 亿 m^2，产能利用率为 72.9%。可以说，近 10 年来，整个建筑陶瓷产业都处在微增长的时期。时至今日，全国各地的建筑陶瓷企业还在不断上演冰火两重天，承接很多佛山陶瓷企业的藤县，也同样一面是品牌集聚度大幅提高，一方面是中小建筑陶瓷企业不断关闭。

不难发现，那些只重速度，忽视质量，拼成本，拼规模的建筑陶瓷企业的生存空间越来越小；重质量，重创新，重品牌，着眼可持续发展的企业在一轮轮市场起伏中不断发展，形成自己的核心优势。

蒙娜丽莎在行业高速增长期没有一味追求经济利益最大化，而是抓住这个发展期，把更多的资源投入质量、投入创新、环保，提升产品设计能力，提升管理水平，以质取胜，形成品牌影响力，建立起品牌护城河，逐步走上高质量发展的道路。

蒙娜丽莎始终以“美化建筑与生活空间，为员工、客户和社会创造更大的价值”为使命，以“在美化建筑和生活空间的应用领域，成为‘资源节约型、环境友好型’的领军企业”为愿景，以“诚信、务实、创新、高效”为核心价值观。

可以说蒙娜丽莎“陶瓷与艺术、绿色、智能融合的微笑管理模式”的核心和目标就是要坚持绿色制造和可持续发展的经营理念，把追求技术创新、产品研发与绿色制造相融合，倡导以低碳环保为前提，研发出具有时代气息与国际风尚的创新产品，为社会创造价值，为人类谋求幸福，让每一位消费者真正感受到蒙娜丽莎在美化建筑和生活空间应用领域带来的美好体验，图 5–6 为“三美”模式在蒙娜丽莎生产线落地。

图5-6 “三美”模式在蒙娜丽莎生产线落地

1. 跨界融合是管理模式的基础

“陶瓷与艺术、绿色、智能融合的微笑管理模式”是从行业发展模式、发展路径、质量管理和跨界营销等经济和管理理论中汲取，结合蒙娜丽莎的具体实践创立的质量管理理论模式，图 5-7 为蒙娜丽莎“三美”质量管理模式。

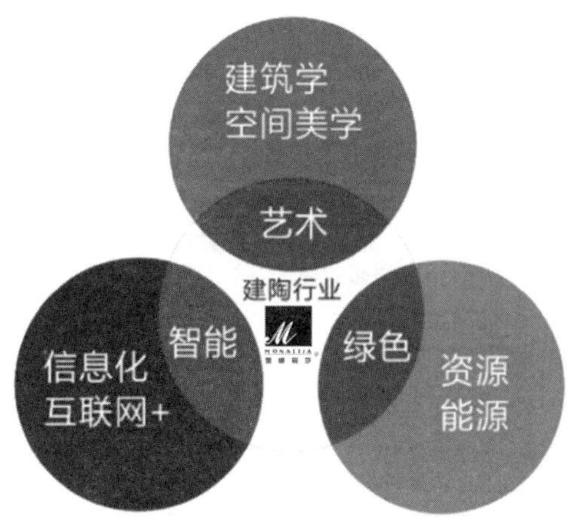

图5-7 蒙娜丽莎“三美”质量管理模式

《蒙娜丽莎》所取得的艺术成就，不仅仅是艺术发展的结果，它是文艺复兴时期思想、观念和文化的交汇融合的产物。当处于不同领域、不同学科、不同文化的交汇点上，各种概念的联系将像剧烈的化学反应一样产生大量不同凡响的新想法。而达·芬奇，这个极具天分的画家是因为处在这样的交汇点上，他手中的画笔才有可能创造出这样的传世作品。那个时代各个学科的集中发展融合加上个人的表达，成就了《蒙娜丽莎》。

对于我们这样一个企业来说，《蒙娜丽莎》给我们的启发是：我们这样典型的传统制造行业，要实现转型升级，高质量发展，必须关注多个方面，通过跨界融合的思维方式，将不同领域、不同理论、不同方法之间拥有的共性联系起来，跨出本行业认知上的局限，大胆把目光放到更广泛的领域，融合、渗透，形成适合我们这个行业，我们这个企业发展的管理模式。

在形成这种模式的过程中，有经济环境变化的影响，有产业发展的洪流的作用，但是在很多关键节点上，我们做出了选择，做出了遵循我们价值观的选择，正是这一个个选择凝聚成我们的发展路径，正是这一个个选择积淀成我们的管理模式。图 5-8 为“三美”质量管理模式要素构成与关系。

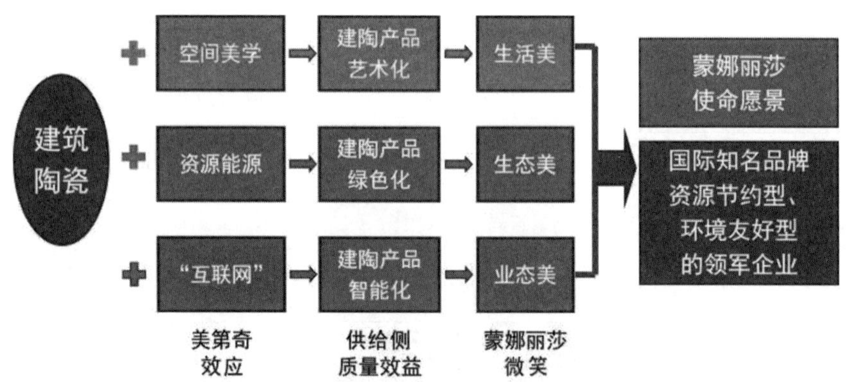

■ 模式意义：

1. 产业转型升级示范；2. 供给侧改革的典范；3. 跨界融合的创新理念。

图5-8 “三美”质量管理模式要素构成与关系

通过与上海质量管理科学研究院不断探讨，我们把这样的管理模式，提炼、总结成“陶瓷与艺术、绿色、智能相融合的质量管理模式”，它基于跨界理念和方法，将艺术、绿色、智能元素通过跨界方式，在设计、生产、销售、服务等环节采用跨界思维、跨界融合，形成了公司全新视角、全新方位、全产业链的质量管理模式，深入内化形成了蒙娜丽莎特有的核心竞争力。这种模式深化质量概念的内涵和拓展质量概念的外延，进而用跨界的方式实现建筑陶瓷行业的有效质量供给。质量供给是通过提升质量、创新和品牌水平，增强供给结构对需求变化的适应性和灵活性，实现有效供给，引领和满足客户多元化、个性化的需求，进而促进经济中需求和供给的相对平衡。实践已经证明，我们的模式是实现供给侧改革的有效路径。

2. 艺术、绿色、智能协同驱动

艺术、绿色、智能，是蒙娜丽莎为消费者带来美好体验的驱动力，它们彼此依存，在协同作用中，发挥放大效应，让消费者真正体会到美的丰富内涵，是爱护环境的生态美，是高效智慧的业态美，是融入生活的艺术美。

通过总结微笑模式，我们日益明晰蒙娜丽莎这个品牌的核心价值是“感受艺术，品味生活”。“感受艺术”是指蒙娜丽莎为用户提供的独一无二的个性化艺术定制，以满足用户对艺术和美学的个性追求。这是蒙娜丽莎品牌的核心价值，也引领着蒙娜丽莎未来的发展。

建筑陶瓷产品的终极功能是美化建筑和人类生活空间。围绕着这一宗旨，蒙娜丽莎通过与建筑学、空间美学的跨界融合，在其专业领域不断完善其艺术特色，并提出了时装化、个性化、自然化的发展思路和方向。蒙娜丽莎组建起强大的科研创新平台，深入进行产学研合作，并且通过引进国际先进设备与设计，在产品尺寸、花色、质感等方面上不断创新。蒙娜丽莎通过艺术化达到美化空间的目的，为消费者带来生活美。公司以革新性产品撬动市场蓝海，引发行业的“品质战”。

建筑陶瓷行业，本质是一个高消耗、高能耗、高排放的行业。蒙娜丽选择走绿色环保的可持续发展之路。从 2005 年至 2018 年，蒙娜丽莎的生产线没有大规模扩张，但 13 年间蒙娜丽莎累积投入 2 亿元，用于企业环保治理，对生产过程中产生的废气、废水、废渣进行专项治理，投入巨资进行节能减排、清洁生产技术改造等，通过新技术、新工艺、新装备，降低各类污染物排放，实现企业的清洁生产、绿色制造。

与此同时，蒙娜丽莎更为自己设立了远高于国家标准的内控标准，来实现全过程的绿色生产。经过多年的投入与改造，蒙娜丽莎已逐渐形成一套资源消耗低、综合能耗低、污染排放低、效率高的建筑陶瓷生产工艺、技术和装备，有效将建筑陶瓷行业与资源、能源等跨界融合，产生了绿色发展模式，从全产业链入手，通过降低资源、能源的消耗，以实现行业的可持续发展。

蒙娜丽莎通过不断提升生产过程的智能化水平，通过传统制造业与互联网+、现代制造业的跨界融合，在越来越多的工序、环节实现了生产过程中的智能化，并创造性地实现了柔性生产、私人定制，图 5-9 为桂蒙智能化生产车间。2018 年 7 月，蒙娜丽莎以“超石代”岩板撬开整装定制家居领域，实现从产品供应商转变为整体空间解决方案提供者。与此同时，蒙娜丽莎更以陶瓷薄板为核心，推出复合新型材料，打造出装配式集成墙面板、装配式内隔墙陶瓷复合板等装配式产品，推动装配式建筑高质量发展。

图5-9　桂蒙智能化生产车间

蒙娜丽莎的“三美”模式可以推广到建筑陶瓷行业，并且，在建的广西藤县蒙娜丽莎基地更是“三美”模式的一个落地示范项目，按照艺术化、绿色化、智能化进行整体规划，从厂房设计、设备选型、产品设计、空间应用等各方面展现“三美”模式，给行业树立一个标杆。

3. 实践出创新

陶瓷与艺术、绿色、智能融合的微笑管理模式是在公司长期发展实践中，结合行业的发展趋势、企业的具体特点以及外部的宏观政策综合形成的。能够形成这样的模式，根本在于蒙娜丽莎无处不在的创新意识，这种创新意识让我们突破边界，将不同领域的观点融合。在蒙娜丽莎成长过程中，我们遇到各种问题，遇到问题不要紧，重要的是立刻行动。我们发现实践而来的创新，往往是“先进”的。

我们在市场的激烈竞争中，理解了品牌的意义，思考我们应该给消费者带来怎样美好的体验，摸着石头过河注册品牌，探索品牌建设。

我们在能源荒中看到了绿色发展的重要性，主动行动，探索节能减排的路径。

我们在中国制造发展的大趋势中，看到智能制造的未来，理解智能制造带来的不仅是生产方式的改变，还将带来服务方式的改变，竞争方式的改变，探索我们这样规模的传统行业智能升级的路径。

在这些实践中，我们用融合的思维方式来解决问题，随着时间的推移，逐渐形成了一套具有创新意义的管理模式。

（1）理念创新。

模式是总结了建筑陶瓷行业的发展趋势，运用跨界融合的原理，将人们对瓷砖的艺术性追求、环境对瓷砖生产的绿色环保要求、企业对提升效率和服务水平的智能管理要求融合在一起，以此为导向，实现多领域、多学科、多专业的交叉。建筑陶瓷行业不仅仅是为客户提供建筑材料，而且是美化大众的生活空间，是陶瓷、艺术、环保的结合。通过理念的创新，促进企业在质量管理上的飞跃。

（2）理论创新。

模式以我国当前推行的供给侧改革为指引，提出了建筑陶瓷行业实施供给侧改革的具体路径。通过跨界融合，建筑陶瓷企业要重点在为客户提供的瓷砖产品上，通过艺术供给、绿色供给和智能供给的有效结合，实现“跨界供给”，以此满足并引领客户对瓷砖产品的需求。

（3）方法创新。

模式围绕公司将艺术、绿色、智能三个领域引入建筑陶瓷行业的具体路径，提出了相应的方法。为了实现绿色供给，企业要通过设计、采购、生产等环节的全产业链绿色转型，包括在产品设计上将厚、重、笨、小的传统建筑装饰瓷砖，转变为薄、轻、大、韧的陶瓷薄板；在生产上实现资源的循环利用，零排放、零污染。为了实现智能供给，企业要通过生命周期的智能化建设，包括柔性生产、智能制造、私人定制等。为了实现艺术供给，企业要转变职能，为客户提供整体空间解决方案，实现产品的时装化、个性化、自然化。

陶瓷与艺术、绿色、智能融合的微笑管理模式具有鲜明的时代特征、行业特点和企业特色，激发了内部活力，提高了公司竞争力，扩大了品牌影响力。该模式具有以下特征：

（1）模式把握了建筑陶瓷行业的发展特点。

建筑陶瓷行业产品不断升级换代，花色品种日新月异，消费者对产品和服务的要求时刻在变化，其中最核心的变化是消费者对建筑陶瓷产品的消费呈现出了空间化、艺术化、自然化和个性化特点。模式从供给的角度，将消费者的需求体现在产品上，实现顾客显性需求和隐性需求的双线螺旋式延伸发展，引领行业趋势。

（2）模式提升了质量供给的内涵和外延。

实现有效的质量供给是我国在质量领域践行供给侧改革的核心内容。模式拓宽了质量的内涵，质量是科学技术和文化艺术的结晶，质量不但是陶瓷产品的物理品质，更是满足消费者对艺术追求、履行社会责任的载体；模式延伸了质量的外延，质量不仅仅体现于最终的产品，还体现于企业的价值链，更体现于整个产业链。

（3）模式促进了经营模式的转变升级。

模式反映的是顾客需求端和产品制造端的高度有机结合，力求可持续发展。企业艺术、绿色和智能制造的跨界结合，让产品向艺术品进化，以智能为核心的系统性技术支撑，迅速而精准地反映市场需求，让艺术品变成流水线上的工艺品。绿色理念产业链全覆盖，承担了可持续发展的社会责任。与之相对应，企业的生产模式从传统落后的生产方式转向智能化生产；服务模式从产品提供商到空间解决方案提供商。

4. 藤县蓝图，蒙娜丽莎质量管理模式的呈现

如果说文化艺术馆、文艺复兴馆、到令人目不暇接的瓷艺画，还是局部不断改造的结果，是我们对美的追求的直接表达，那么新建的蒙娜丽莎藤县生产基地就是“三美”模式的集中呈现，图 5-10 为蒙娜丽莎藤县生产基地外景。

藤县项目不仅追求最终产品的美，我们还追求生产过程的“三美”。

厂房设计强调功能性，也强调空间艺术性。厂房的颜色呼应周围环境，大气稳重，封闭式的窑炉色彩干净明快，如同行驶的高铁列车，线条流畅；精心设计的文化长廊，展现了我们瓷艺画的设计水平和精湛工艺，一幅幅生动画面讲述陶瓷历史，讲述蒙娜丽莎的故事。让人赏心悦目，也可增长知识。

更高水平的智能制造能力，把柔性生产能力发挥到更高水平，充分满足市场个性化的需求；更多复杂工艺可以在这里轻松实现，这里生产设计感强、附

图5-10 蒙娜丽莎桂蒙生产基地外景

加值高、质量好的产品的能力更强；更多创新产品可以更快速度投入批量生产。智能制造，改变了我们的工作方式，提高了我们创造美的能力。

这里从建厂开始，就把绿色发展放在第一位，这是我们行业的发展之基。设备能耗，三废排放，管线布局，数据监控每一个细节，我们都进行了大量的研究，真正把这里打造成花园式的工厂，绿色的工厂，图 5-11 为桂蒙生产基地数据监控中心。即便这里配备了最先进的设备，我们还是在这里进行了大量节能环保的探索，例如创新性地改造污水排放管道的设计，提高了废水的循环利用率。

可以说藤县项目，是蒙娜丽莎全面实践“三美”质量管理模式的成果，在每一个细节上，我们将“三美”的理念贯穿其中。2019 年 12 月 27 日举行了点火温窑仪式，温窑结束后将进入设备联合调试和试产阶段。未来这里会因为整洁的工作环境，智能化的设备设施，丰富的文化艺术装饰，成为全新的工业旅游景点。让同行、客户、普通消费者了解建筑陶瓷企业这一传统行业，完全可以通过转型升级，而踏入新的发展轨道。这里用活生生的事实，用一草一木，用清新的空气传递着我们的发展理念，而“三美”模式，就是我们转型升级路上积累的成果，也是成就我们未来发展的基石。

图5-11　桂蒙生产基地数据监控中心

结语

美，是人类永恒的追求。作为一家建筑陶瓷企业，如何理解高质量发展？美，给了我们一个很好的答案。艺术、绿色、智能是实现美的三种力量，这一模式不仅蕴含了一个企业的审美追求，还是对发展方式的价值判断，是一个行业转型发展赋予我们的时代使命。

人民对美好生活的向往，就是我们的奋斗目标。

蒙娜丽莎通过申报中国质量奖总结出的“三美”质量管理模式，聚焦艺术、绿色、智能，其中凝聚着企业源源不竭的创新力，正是在不同领域、在产业链上下游的持续创新，成就了这样的质量管理模式。这样的管理模式，是企业发展理念的集合，是管理经验的沉淀，也相信它会成为蒙娜丽莎未来发展的压舱石。

参考文献

[1] 王力. 大匠初心[M]. 北京：经济管理出版社，2019.

[2] 陈帆，高力明，同继锋. 中国陶瓷百年史[M]. 北京：化学工业出版社，2014.

[3] 朱一军. 我国陶瓷砖行业发展与质量分析研究[C]. 2015年学术年会论文集，2015.